簡單編織

創意披肩

王春燕 著

毛衣各部分名稱

領子

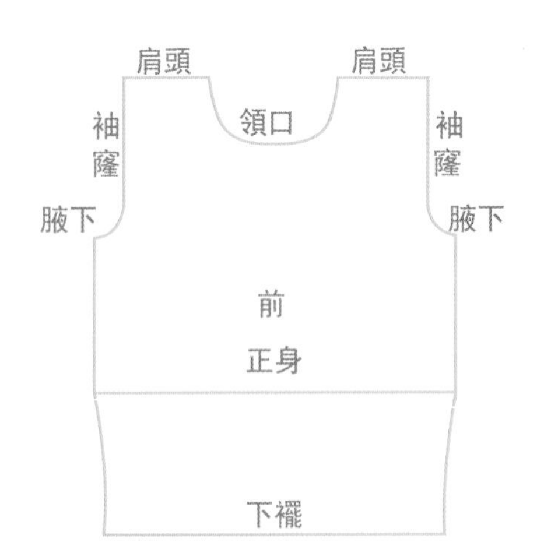
肩頭
肩頭
袖
窿
領口
袖
窿
腋下
腋下
前
正身
下襬

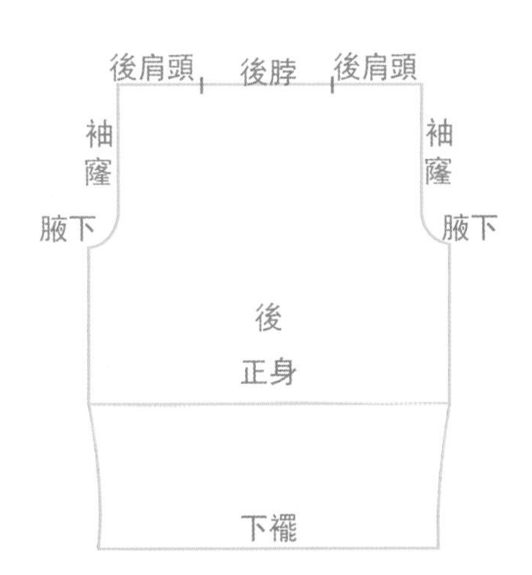
後肩頭
後脖
後肩頭
袖
窿
袖
窿
腋下
腋下
後
正身
下襬

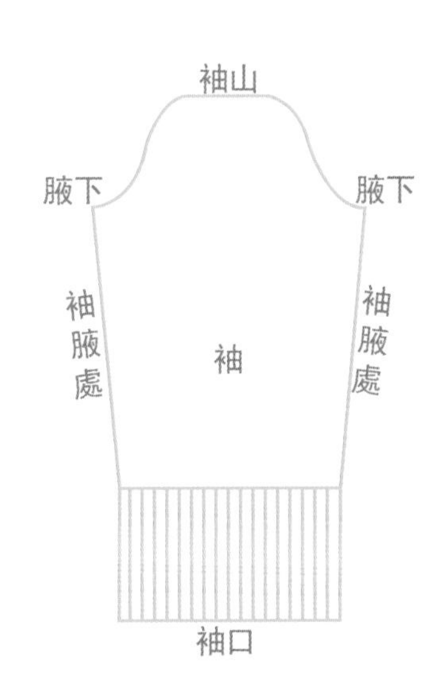
袖山
腋下
腋下
袖
腋
處
袖
袖
腋
處
袖口

荷葉邊披肩

織法 :P.54

巧妙的設計，讓亮綠色的清新明快與奢華美艷找到了最佳的結合點

長方形披肩

織法：P.56

寶藍色透著一絲神聖的純潔，宛如與鐵達尼同眠的傳奇鑽石。

街頭披肩

織法:P.58

野性的皮草設計，展現出細緻又具有份量感的時尚力度。

Meng Li

皮草小披肩

編法：P.60

不想太華麗，又不想太簡單，略帶小野性的時尚披肩為魅力非凡加分。

時尚披肩

織法：P.62

實用的套頭披肩，氣質高雅，溫柔婉約。

非洲菊披肩

織法 :P.64

時尚雅致的編織風格備受矚目，風華絕代的
織品款式具有令人煥然一新的神奇魔力！

米蘭披肩

織法 :P.66

休閒飄逸的披肩款式,洋溢迷人的青春氣息。

多用披肩

織法：P.68

採用特殊花紋織成的圍巾，經過簡易縫合，瞬間展現不同風情。

Feng Fan 明星小配飾

織法：P.70

獨特的設計風格使腰部輪廓更顯纖細
更加突顯肩部線條，打造出高貴的皇家風範。

糖果粒披肩
織法:P.72
羊毛的質感洋溢暖烘烘的感覺，
絢麗的色彩綻放出浪漫風情。

一腳踢走陰鬱的冬日，
投入清爽的早春世界。

立領披肩

織法：P.74

宛如施了魔咒一般，時尚的
披肩瞬間令人眼睛一亮。

孔雀羽披肩

織法 :P.75

Shi Miao

圓襬披肩

織法：P.78

灑脫又帥氣的披肩，成為時髦女郎

展現獨特時尚風格的必備靚品。

可愛粒粒披肩

ZuANchonG

織法：P.80

匠心獨運的巧妙設計，

讓每件服裝都備受獨家尊寵。

明媚的陽光喚起對披肩的思念，
款款走來，衣襬隨風飄逸風情萬千。

海浪披肩

織法：P.82

成熟美麗的OL，喜時尚而不盲目隨從，好優雅而不媚俗，唯有充滿個性美的手工編織品才能夠充分彰顯現代女性的獨特風格。

英倫街頭披肩

織法 :P.84

春天，百花盛開，一件充滿設計感的時尚披肩讓女人的心情也隨之迎風綻放……

小袖披肩

織法 :P.86

俏麗披肩

織法 :P.88

早春深秋，披肩永遠是OL的心頭最
愛，與任何單品搭配都能展現出絕佳
的親和力與時尚度。

波浪邊圍巾

Ge Xing

織法：P.63

時尚且具有份量感的手工編織圍巾，充滿內斂的極簡風格，又不失時髦風格

平面幾何背心

織法：P.90

個性 創意的動力正從此處蔓延，時尚背心令人驚喜不絕。

古典風披肩

織法：P.92

素雅的色彩與簡單的款式，即可充分展現淑女風格與甜美氣息。

韓式條紋披肩

織法 :P.94

簡約永遠是全球時尚百談不厭的話題，簡單的針法、流暢的線條與色彩都是**時尚**。

Jian Yue

恆河披肩

織法：P.96

自然主義風格、
清新淡雅色調，
簡單的幾何圖形設計，
讓一切歸於簡約。

凹形披肩

織法：P.98

帶著你的高雅、
端莊、女人味，和
朋友溫馨小聚，或
一個人漫步在悠閒的假日街頭。

小斗蓬披肩

做法：P.100

隱隱約約裸露白皙的雙手，製造出新鮮感，讓秋冬的枯燥乏味徹頭徹尾「解凍」。

時尚披肩

織法:P.102

織法超簡單又充滿個性的披肩，由一條長圍巾、兩個袖子和長方形後背組合而成。

多瑙河披肩

織法：P.95

手織品獨一無二的貼合感，俐落流暢的展現出窈窕身影，復古而優雅、精緻而不造作。

一條長圍巾巧妙組合之後，創造了一種全新的摩登語言和隨意、率性的時尚感。

梅林披肩

織法：P.104

秀場披肩

織法 :P.10

輕柔應對職場中的硬仗,曼妙的衣角舞動，瞬間傾洩知性婉約與智慧之美。

紅塔披肩

織法 :P.108

披肩
獨有的能量，
將女人的柔媚氣息
在瞬間完美釋放，
卻又不經意間營造
出可愛中的優雅
氣息。

摒棄繁複的裝扮，以簡約低調的編織品，穿出與眾不同的時尚風格。

方格披肩

織法:P.110

禮服披肩

編法：P.1[illegible]

走進編織的童話世界裡，連心情也充滿燦爛的陽光。

細袖披肩

織法：P.114

最隨意、率性的設計，使披肩在早春與夏秋冬之間過渡得非常自然。

拉風披肩

織法 :P.116

就像彩色的魔術方塊一樣，輕輕旋轉一格，立刻呈現不同的**風尚**。

披肩背心

織法：P.118

一根毛線經過棒針的上上下下，即刻成為展示曼妙身材的時尚服飾。

基本織法

1 棒針持線持針方法

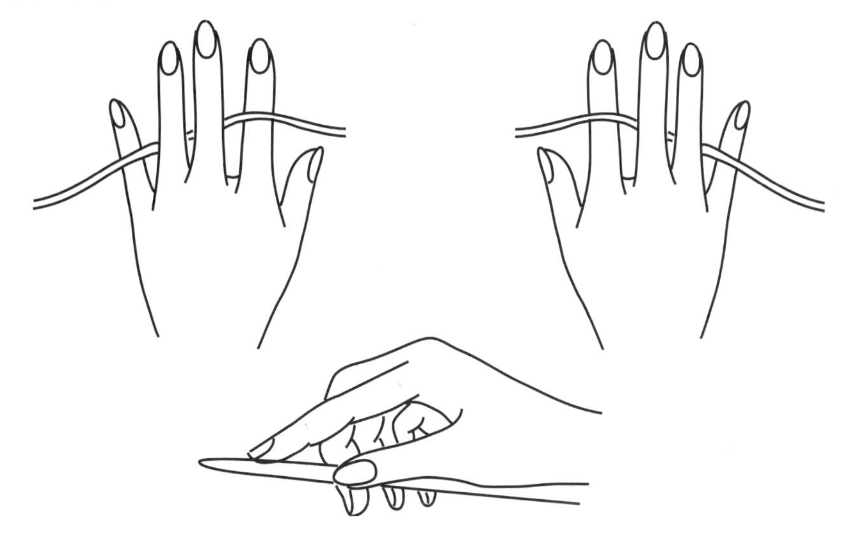

2 棒針繞線起針法

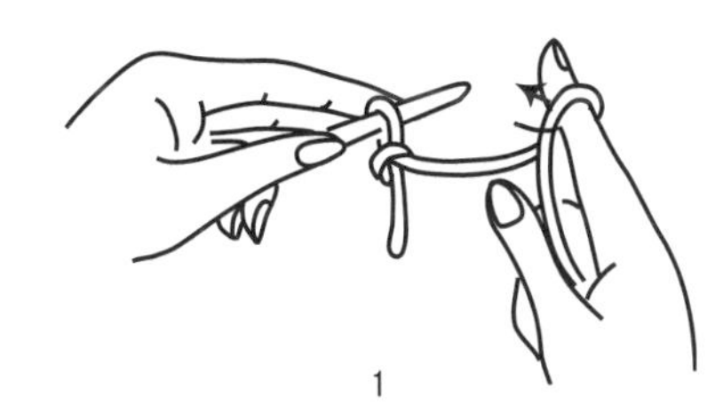

1

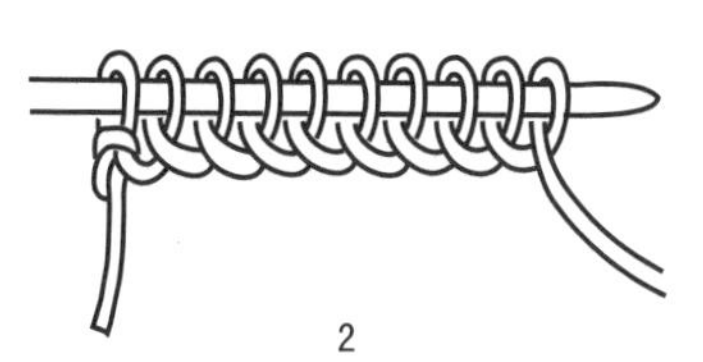

2

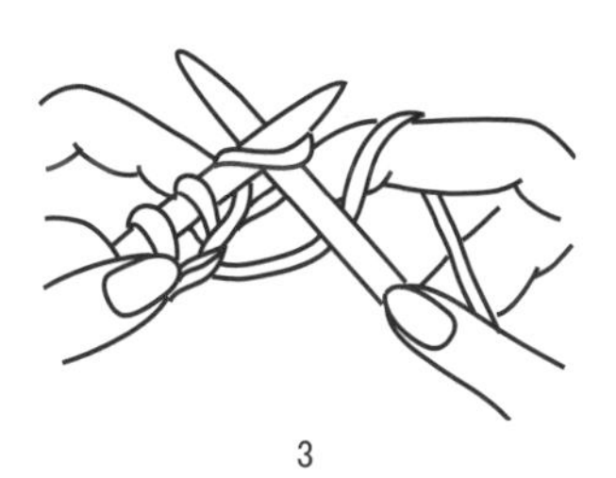

3

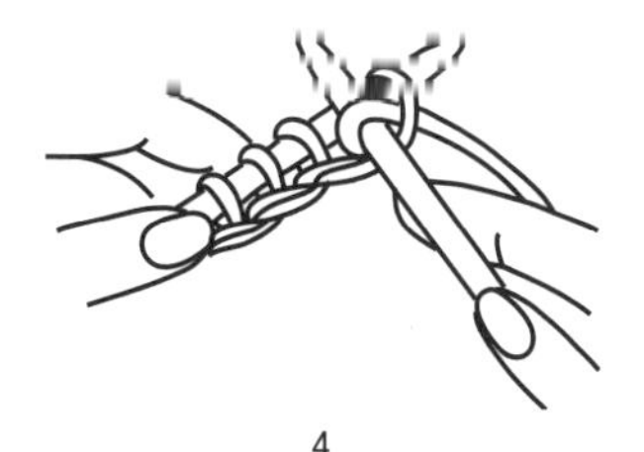

4

5

3 雙針繞線起針法（起平邊）

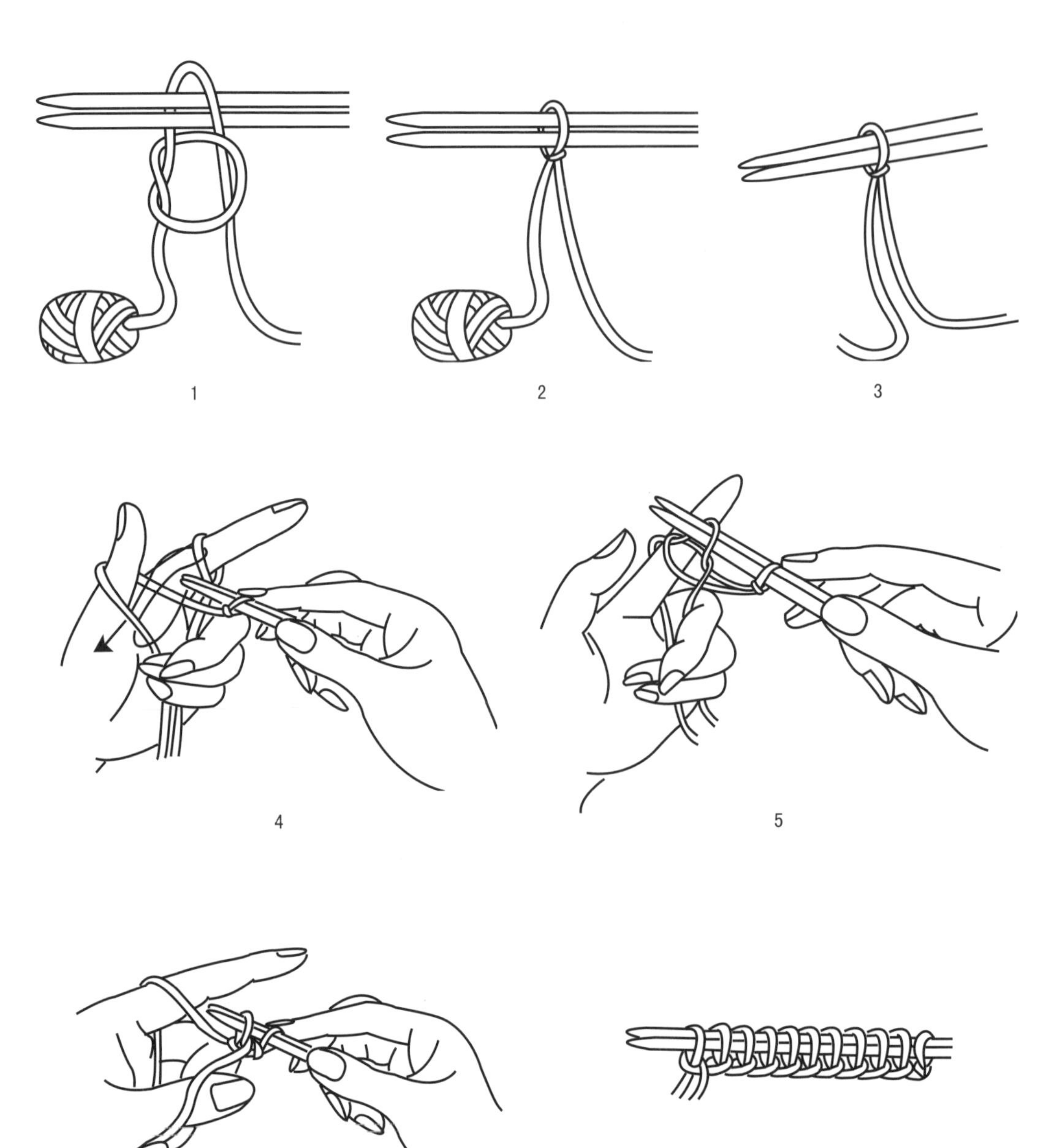

1

2

3

4

5

6

7

4 鉤針配合起針法(起平邊)

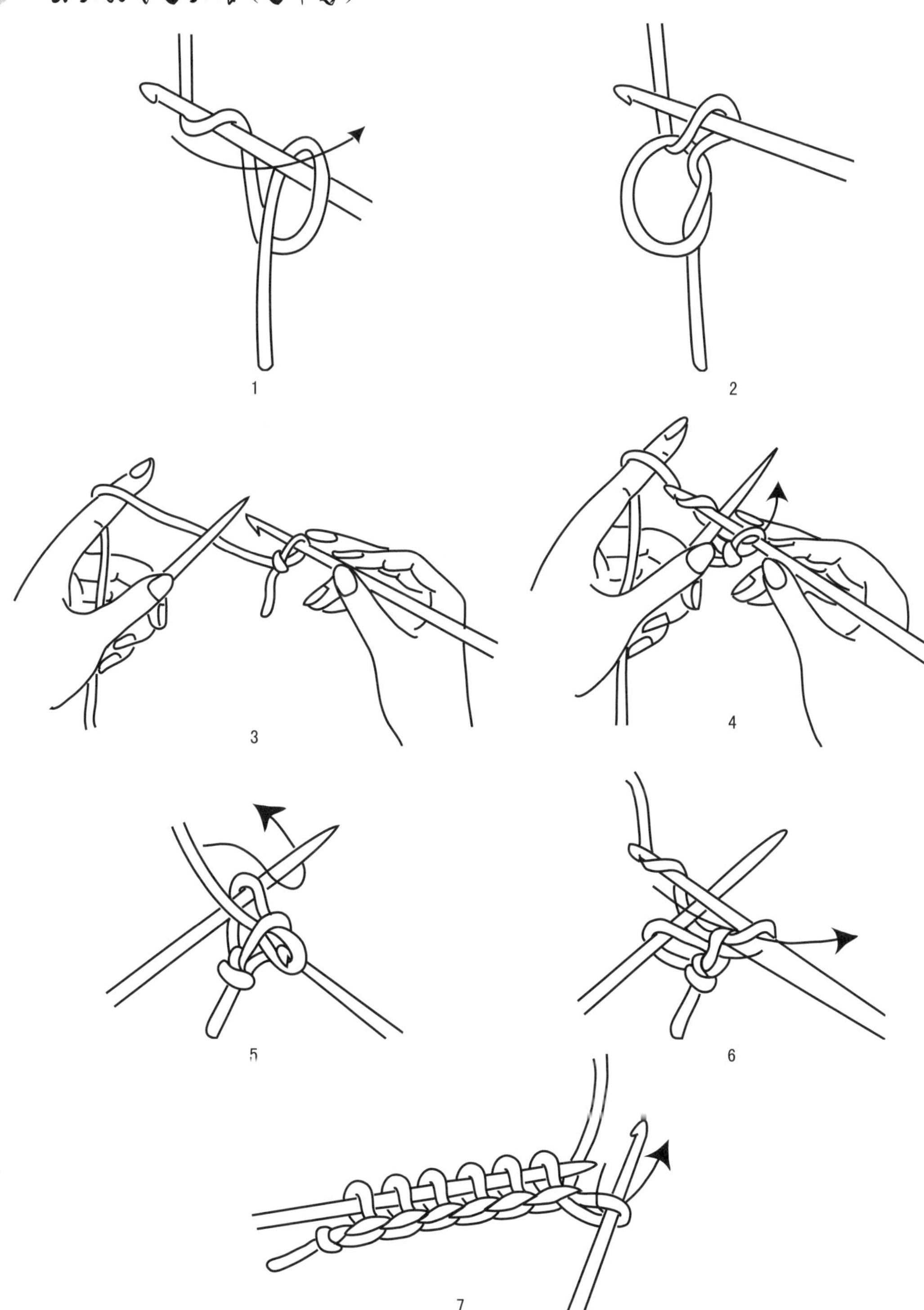

5 彈性邊起針方法

1

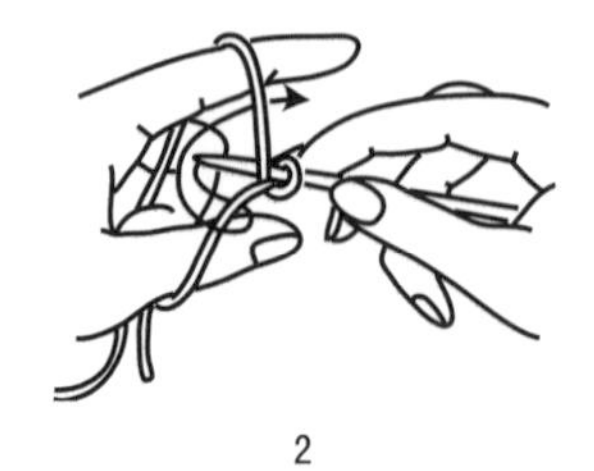
2

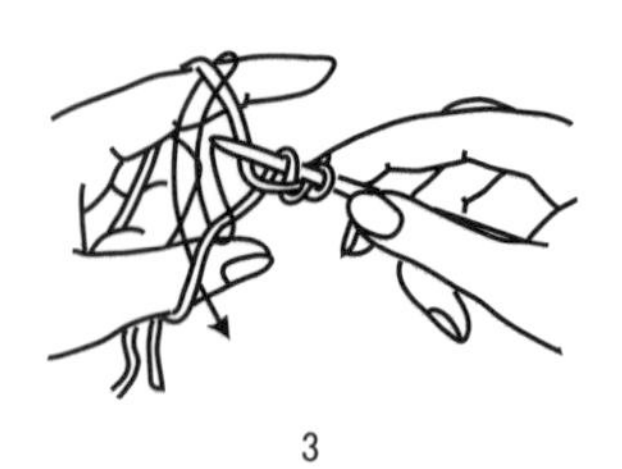
3

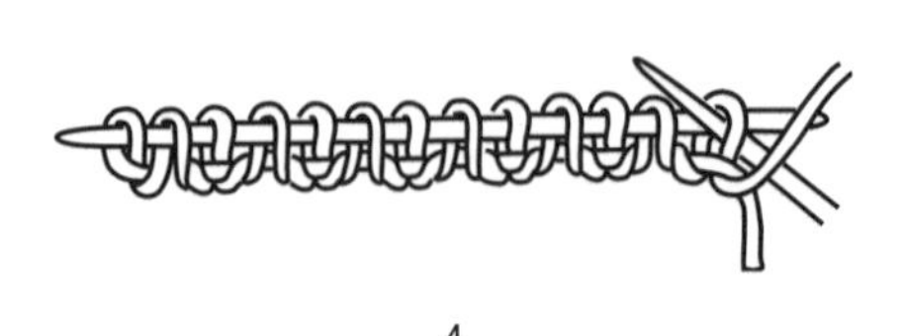
4

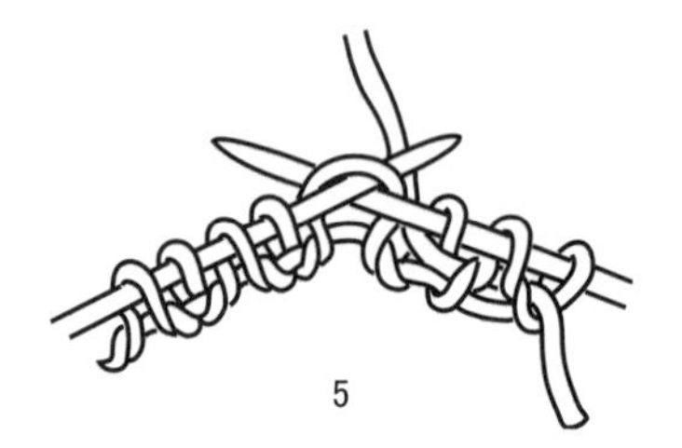
5

6 收平邊

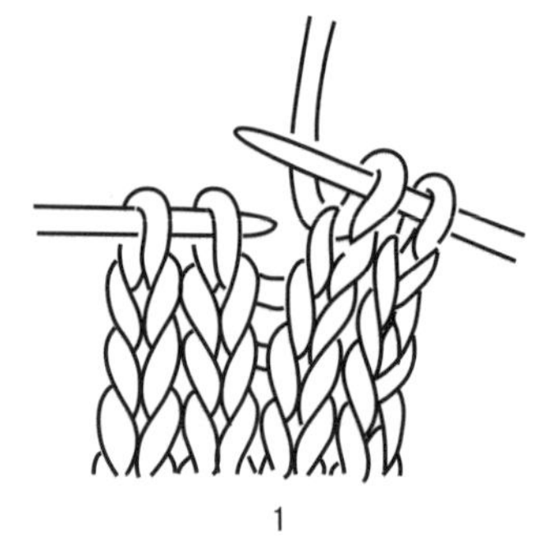
1

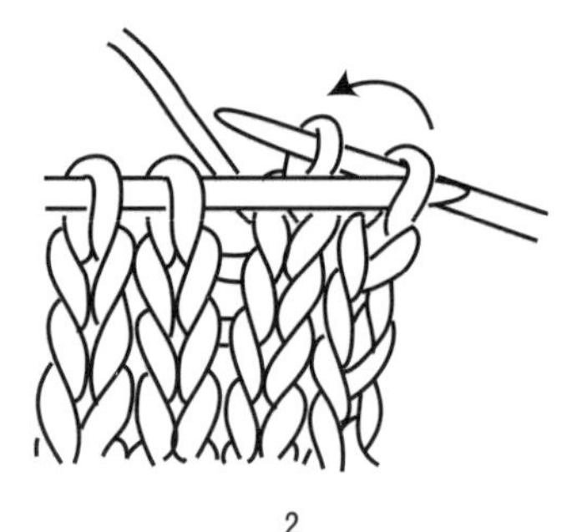
2

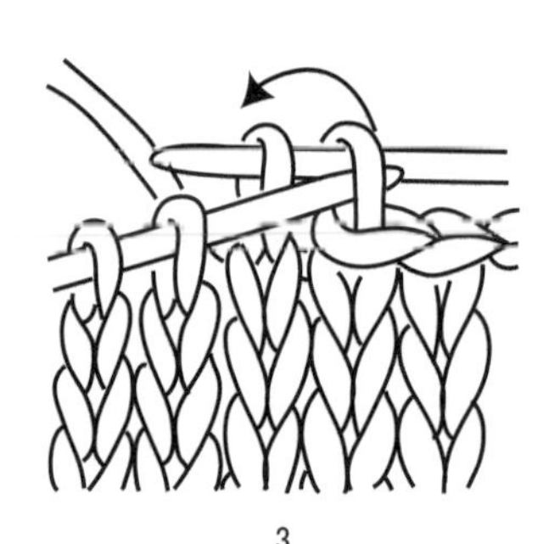
3

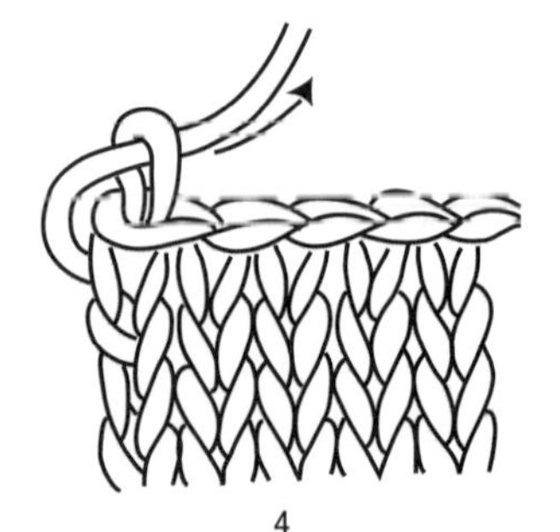
4

7 鉤針持線持針法

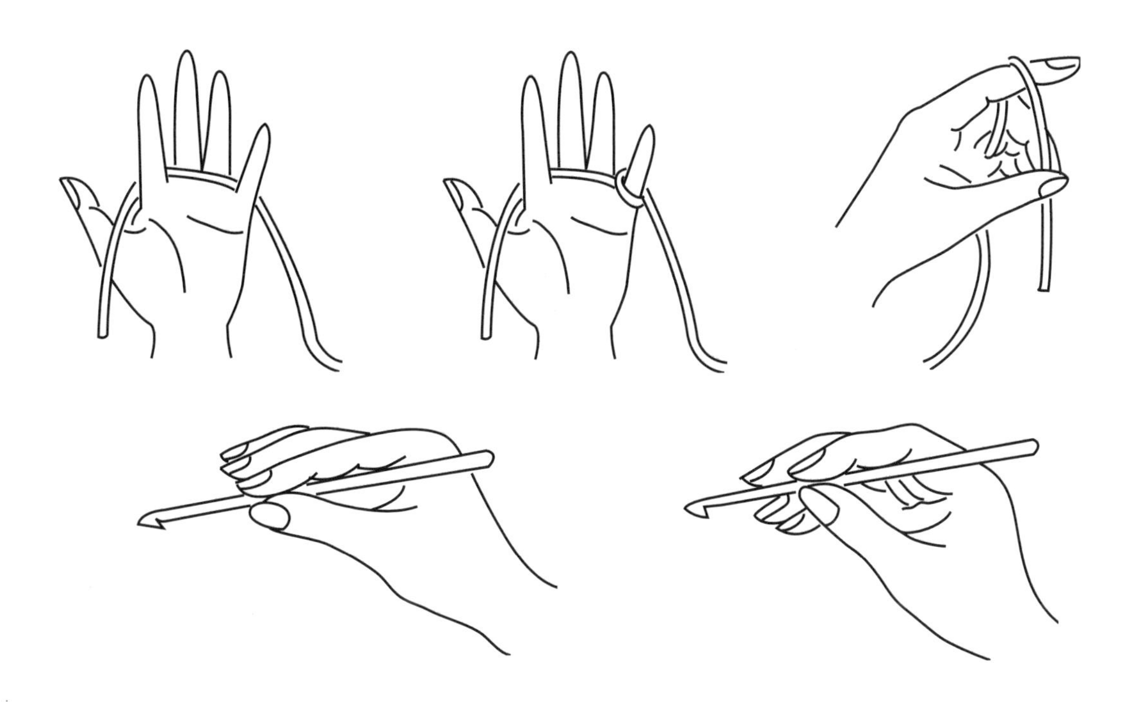

8 鉤針起針法

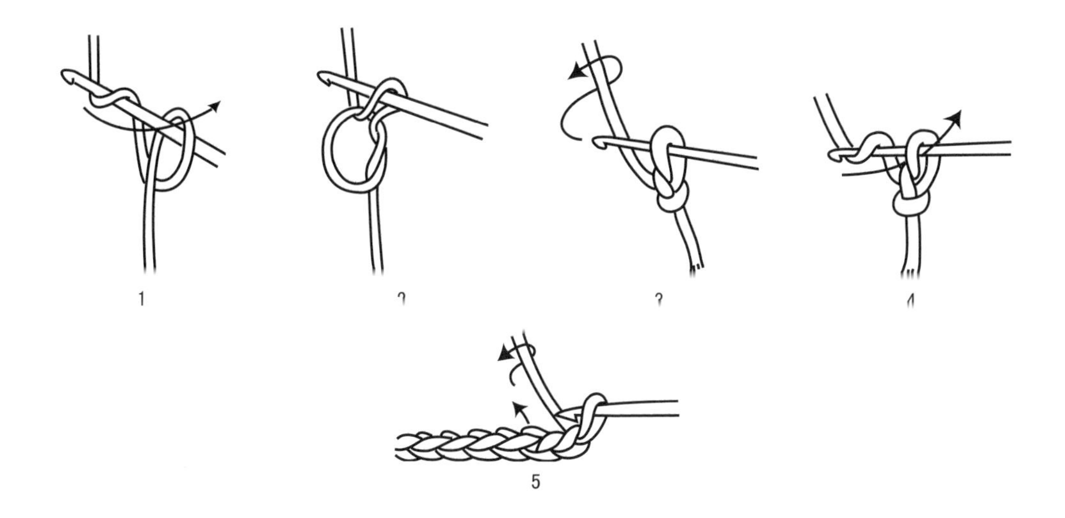

荷葉邊披肩

材料： 純毛粗線
工具： 6號針
用量： 400克
密度： 19針X24行=10平方公分
尺寸： (公分) 以實物爲準

編織說明：

從袖口起針後環形織，至後背時改織片，相應長度後再合圈織另一袖子。

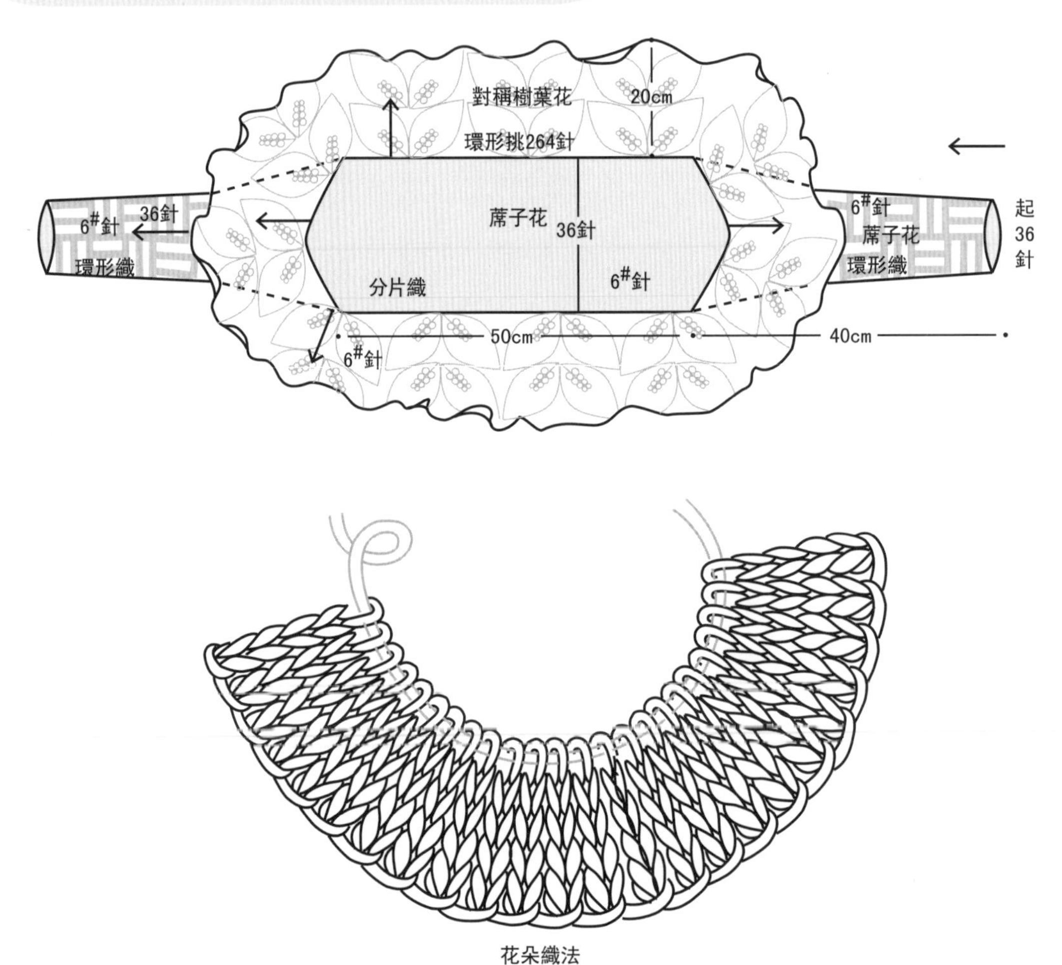

花朵織法

編織步驟:

1. 用6號針起36針環形織40公分蓆子花。
2. 分片織50公分後,再合圈織40公分後收針。
3. 從片織的邊緣環形挑出264針織20公分對稱樹葉花後鬆收平邊。
4. 按圖織花朵縫合於相應位置。

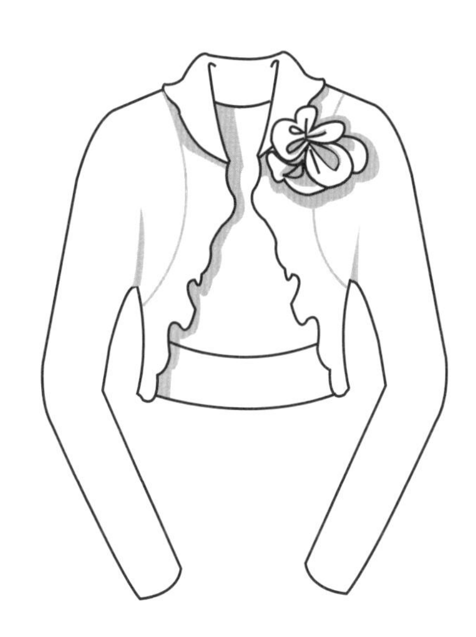

蓆子花

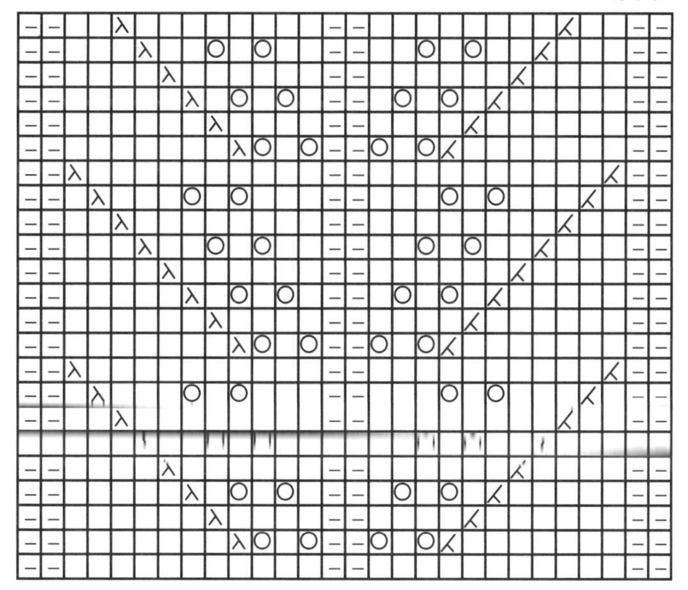

對稱樹葉花

重點提示

袖口收針時注意兩袖花紋對稱,環形織荷葉邊後鬆收針。

長方形披肩

材料： 純毛粗線
工具： 6號針　3.0鉤針
用量： 400克
密度： 20針X24行=10平方公分
尺寸： (公分) 以實物爲準

編織說明：

織兩條相同大小的圍巾，並排後，分三段縫合，餘下的開口為袖口，最後鉤一行荷葉邊。

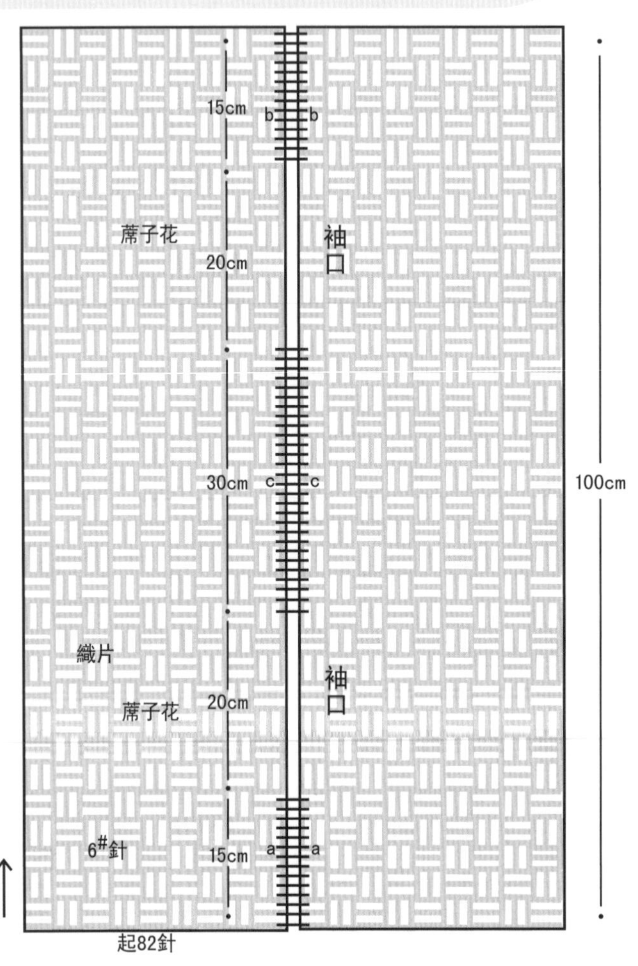

荷葉邊鉤法

編織步驟:

1. 用6號針起82針織蓆子花，織片。
2. 至100公分時收針，共織兩個相同的長圍巾。
3. 按相同字母縫合，並在邊緣鉤一圈荷葉邊。

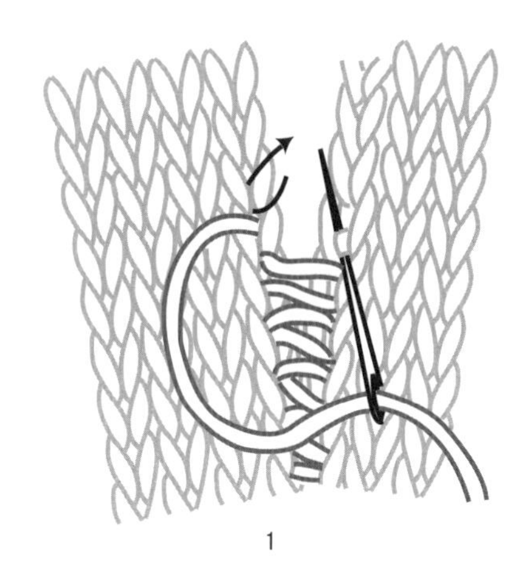

1

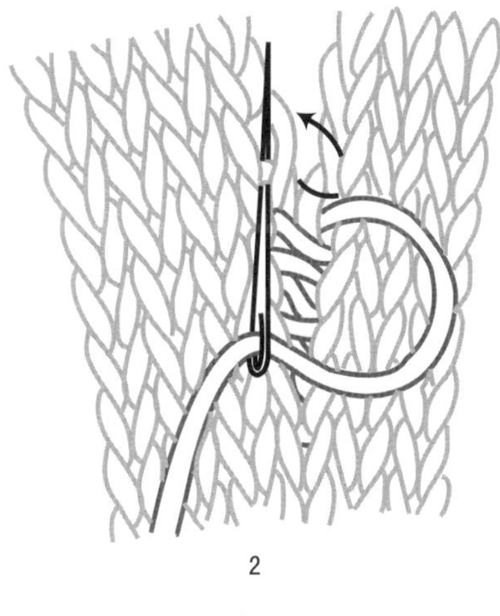

2

縫合方法

蓆子花

重點提示

兩片縫合時，從同一行同一方向進針，縫出的效果整齊又精緻。

街頭披肩

材料：純毛粗線
工具：6號針
用量：550克
密度：19針X24行=10平方公分
尺寸：(公分) 以實物為準

編織說明：

織一個長方形大片，分別減針後再加針形成開口，在此處環形挑針織袖子。

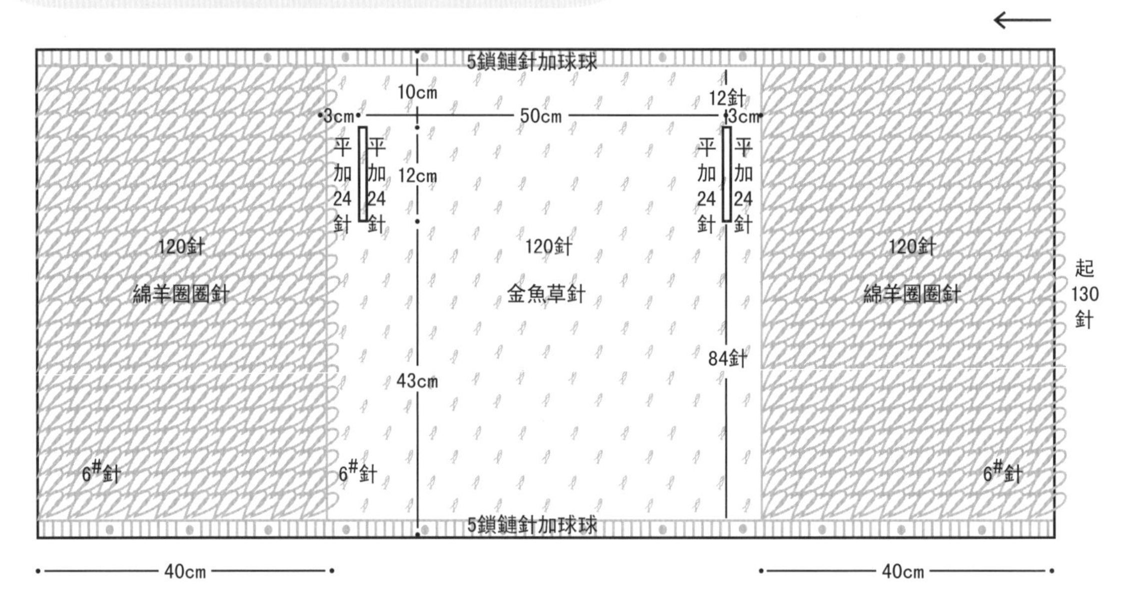

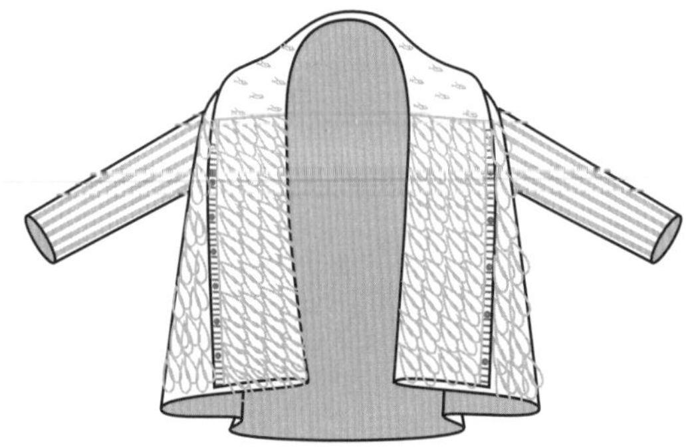

扭針單羅紋

編織步驟:

1. 用6號針起130針，左右織5針鎖鏈針加球球，中間120針織綿羊圈圈針至40公分。
2. 不加減針改織金魚草針，左右5針鎖鏈針加球球不變。
3. 織3公分金魚草針後，在中部12公分位置平收24針後再平加出24針，形成開口為袖口。
4. 合針織50公分金魚草針織第二個開口，最後向上織3公分後改織40公分綿羊圈圈針，收彈性邊。
5. 分別從兩個開口處環形挑40針織35公分扭針單羅紋為袖子，收彈性邊。

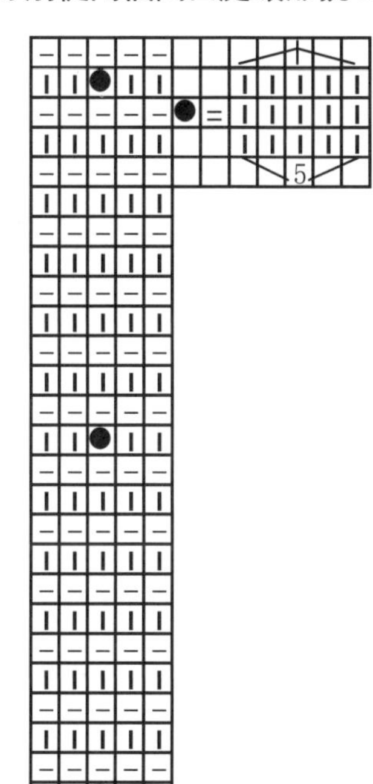

鎖鏈針加球球

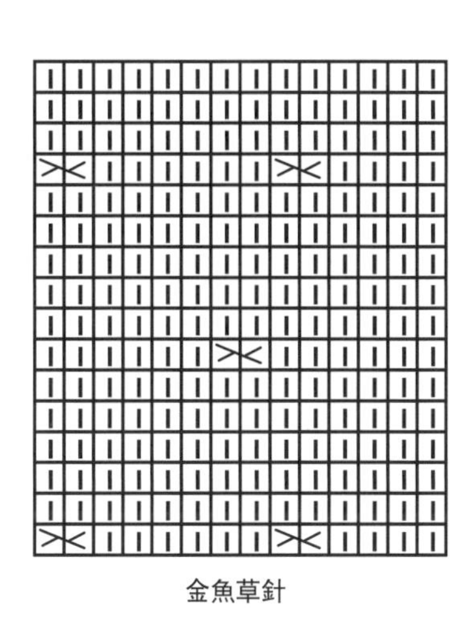
金魚草針

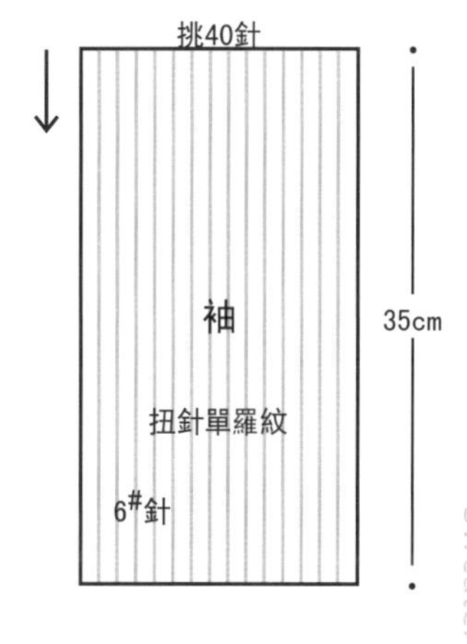

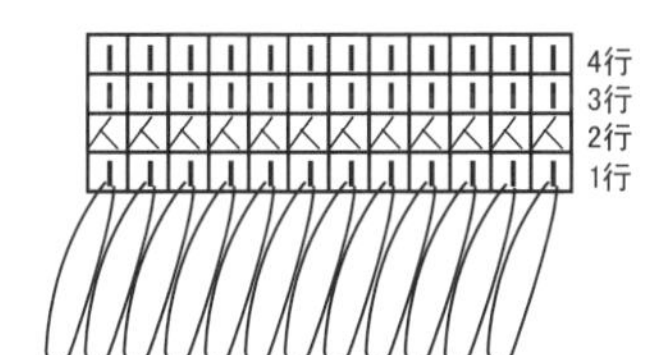

第一行：右食指繞雙線織下針，然後把線套繞到正面，按此方法織第2針。
第二行：由於是雙線所以2針併1針織下針。
第三、四行：織下針，並拉緊線套。
第五行以後重複第一到第四行。

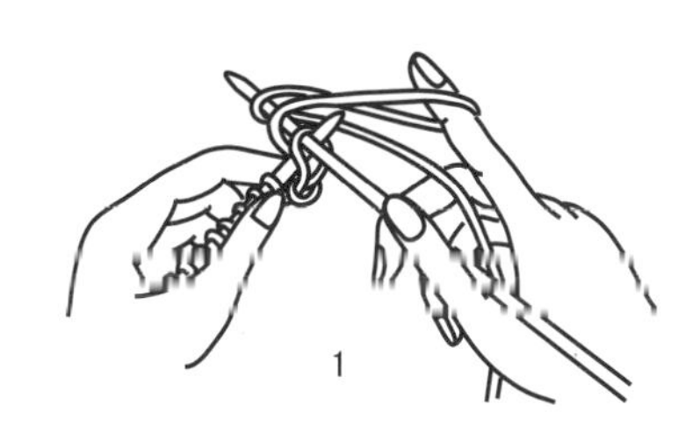
1

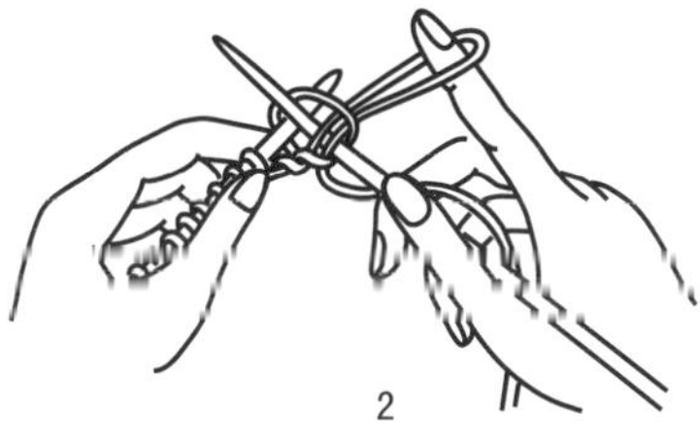
2

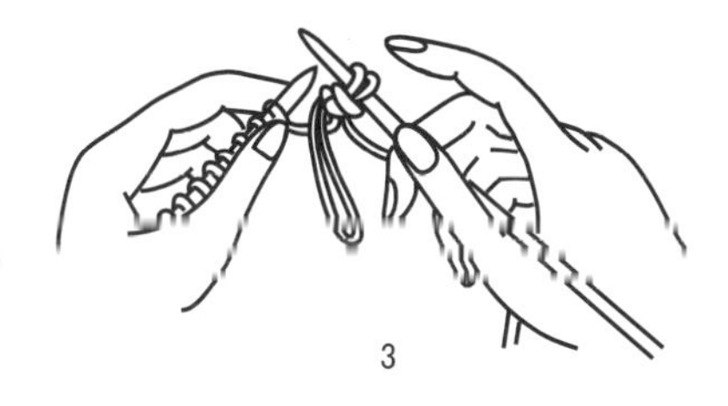
3

綿羊圈圈針

重點提示

注意兩個開口要留在平行位置。

皮草小披肩

材料： 純毛粗線
工具： 6號針　8號針
用量： 400克
密度： 20針X24行=10平方公分
尺寸： (公分) 以實物爲準

編織說明：

從下襬向上織片，先織扭針雙羅紋，然後織5公分寬的綿羊圈圈針，統一減針後改織10公分下針，反覆三次後，織扭針單羅紋領子後收彈性邊。

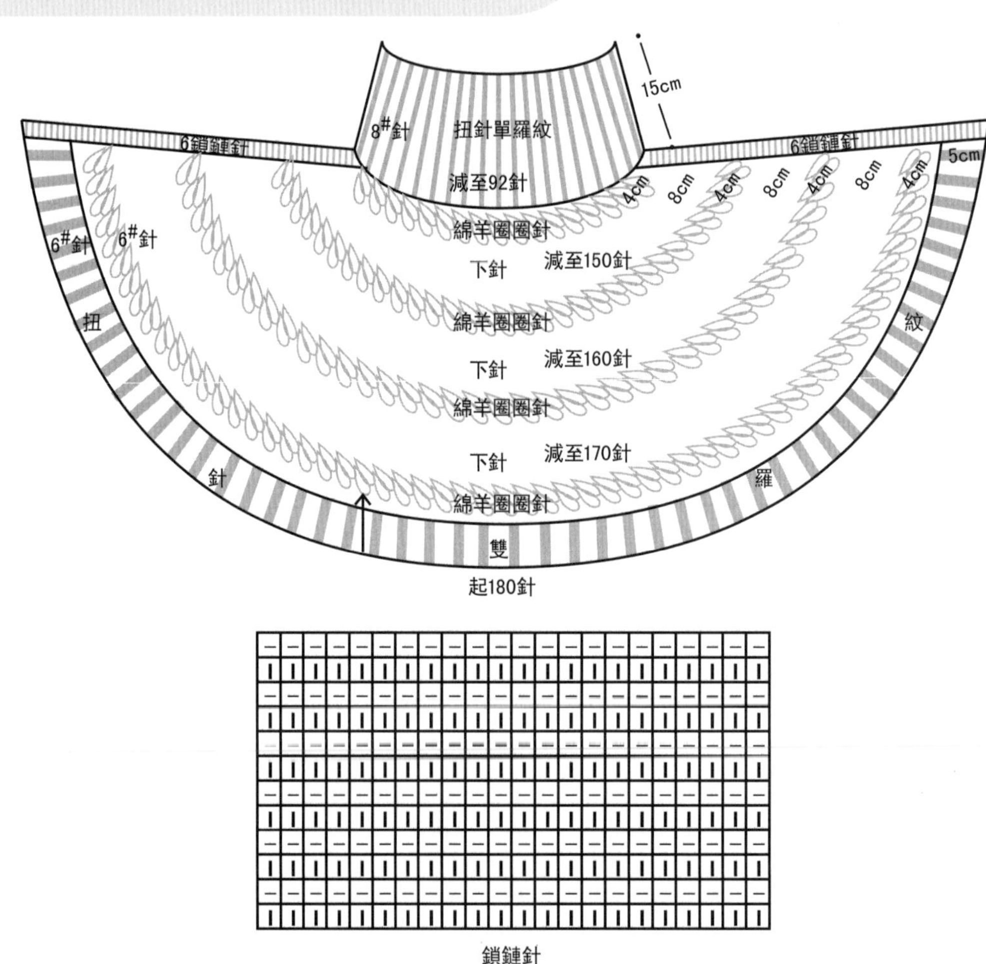

鎖鏈針

編織步驟:

1. 用6號針起180針往返織5公分扭針雙羅紋，左右各6針織鎖鏈針。
2. 鎖鏈針不變，中間168針改織綿羊圈圈針，圈長4公分，做5次圈，共10行。
3. 統一減至170針並改織8公分下針後，再織一組綿羊圈圈針。
4. 第二次統一減針至160針織下針後，再織一組綿羊圈圈針。
5. 第三次統一減針至150針織下針後，再織一組綿羊圈圈針。
6. 最後一次統一減針至92針，換8號針織15公分扭針單羅紋後，收彈性邊。

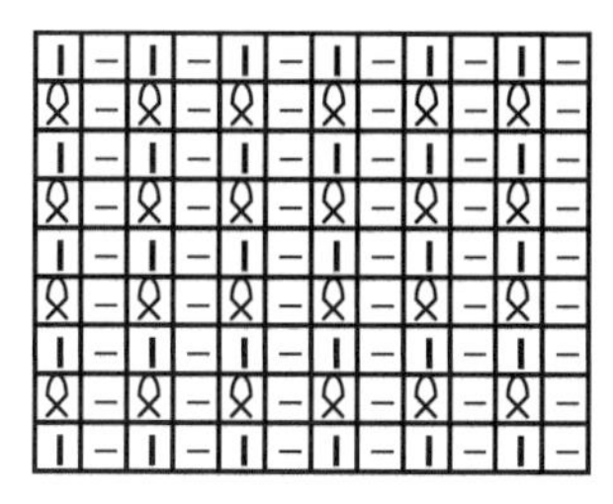

扭針單羅紋

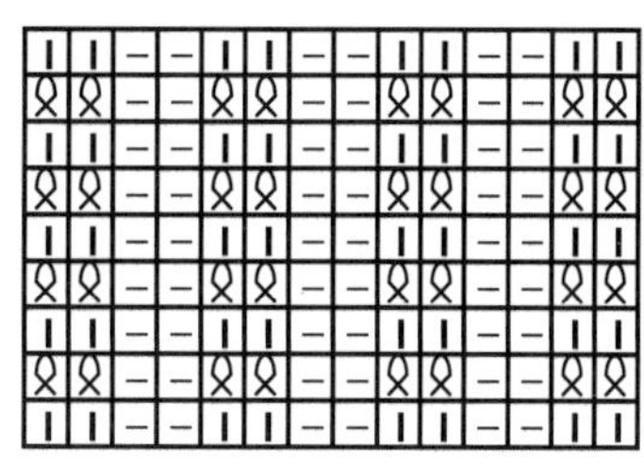

扭針雙羅紋

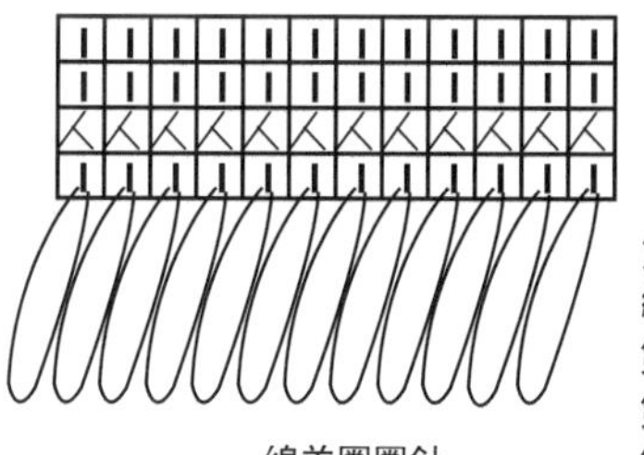

4行
3行
2行
1行

綿羊圈圈針

第一行：右食指繞雙線織下針，然後把線套繞到正面，按此方法織第2針。
第二行：由於是雙線所以2針併1針織下針。
第三、四行：織下針，並拉緊線套。
第五行以後重複第一到第四行。

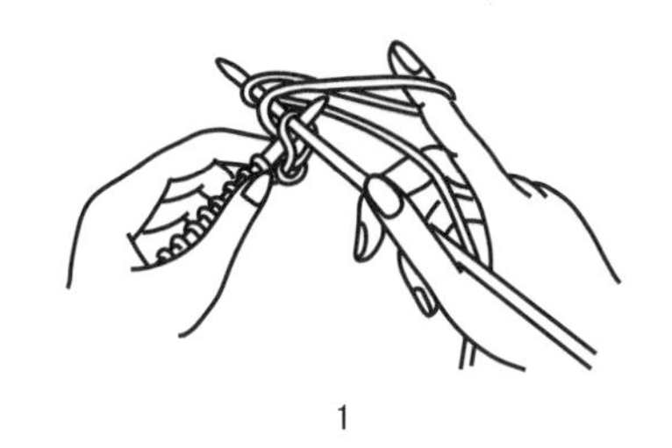

1

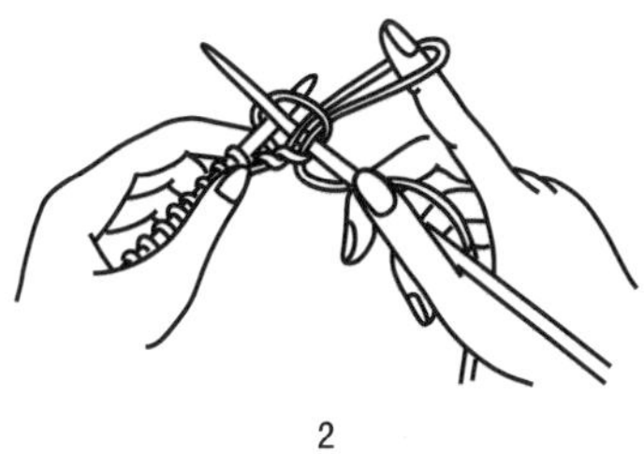

2

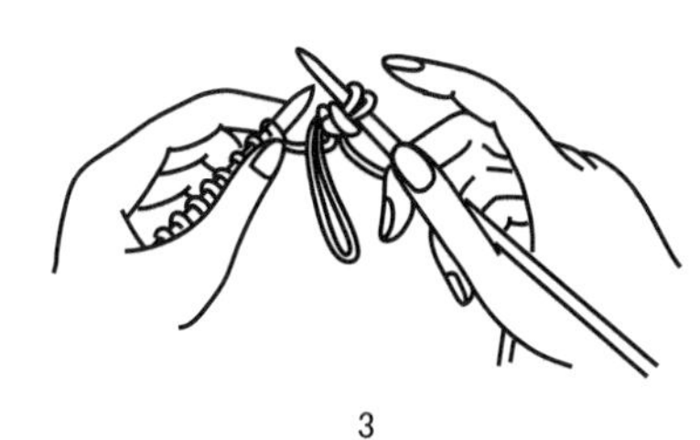

3

綿羊圈圈針

重點提示

綿羊圈圈針的正面做圈，反面照常織，再回到正面時，首先拉緊整理所有線套。

時尚披肩

材料： 純毛粗線
工具： 6號針
用量： 350克
密度： 24針X26行=10平方公分
尺寸： (公分) 以實物為準

編織說明：

按花紋圖解環形織相應長度後統一減針織領子。

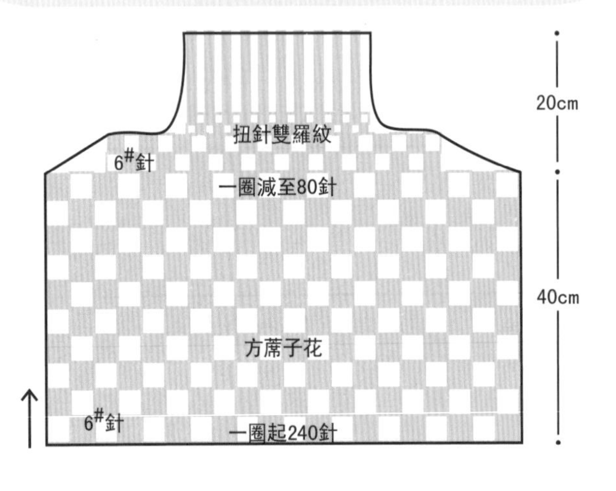

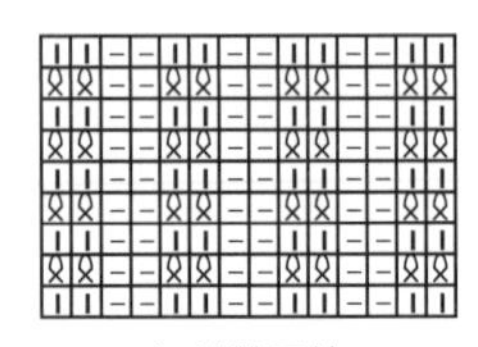

扭針雙羅紋

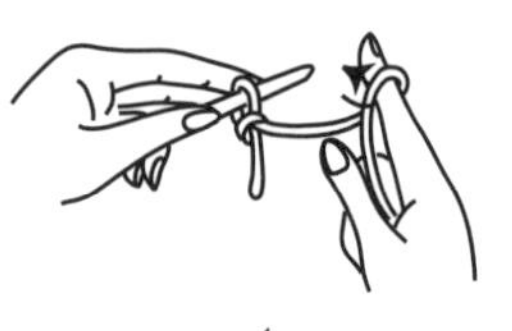

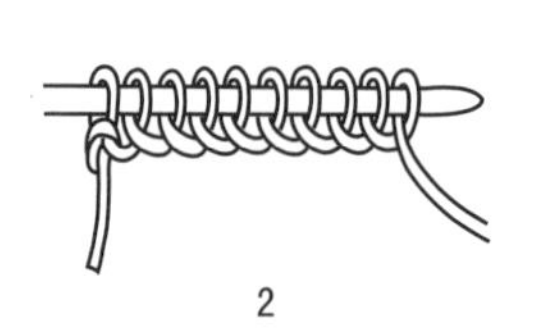

繞線起針法

方蓆子花及肩部減針圖

編織步驟：

1. 用6號針起240針環形織40公分方蓆子花。
2. 按圖解減針，餘針織20公分扭針雙羅紋後收彈性邊。

重點提示

繞起針後直接按花紋編織，下襬會有自然的波浪效果。

波浪邊圍巾

材料：純毛粗線
工具：6號針
用量：400克
密度：25針X26行=10平方公分
尺寸：（公分）圍巾長110　寬32

編織說明：

按圖解往返織一條圍巾，第一針挑下不織，從第二針織起。

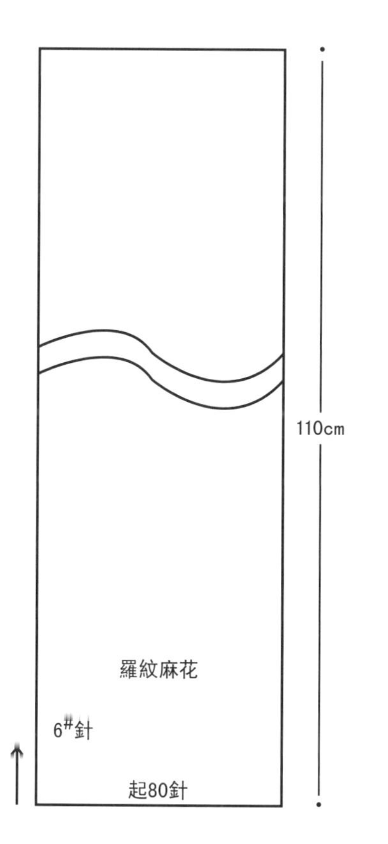

編織步驟：

1. 用6號針起80針按圖織110公分後收平邊。

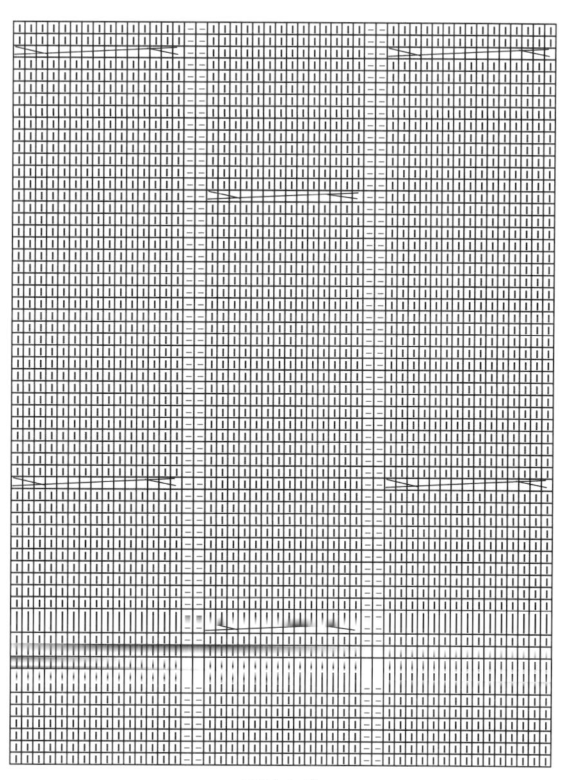

羅紋麻花

重點提示

邊緣處不需要挑針時，第一針可以挑下不織，多用於圍巾。

非洲菊披肩

材料：純毛粗線
工具：6號針
用量：500克
密度：20針X24行=10平方公分
尺寸：(公分) 衣長47　其他以實物爲準

編織說明：

從下襬起針後環形織，平加針後再次環形織並按花紋特點規律加減針，餘針織領子。兩側平加針位置為袖口。

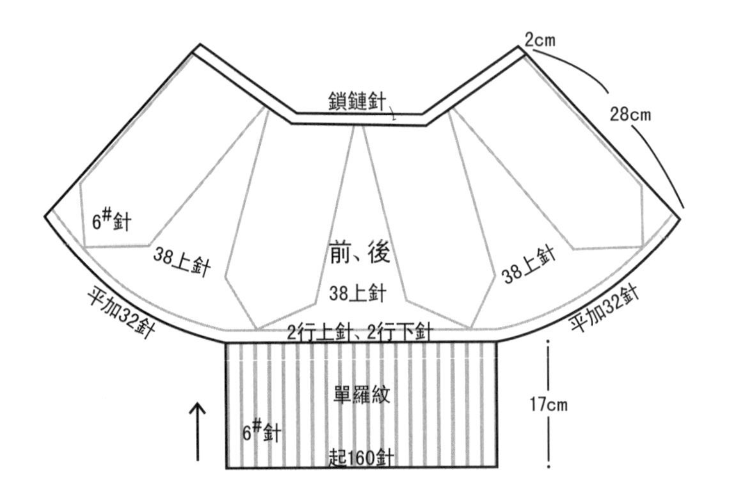

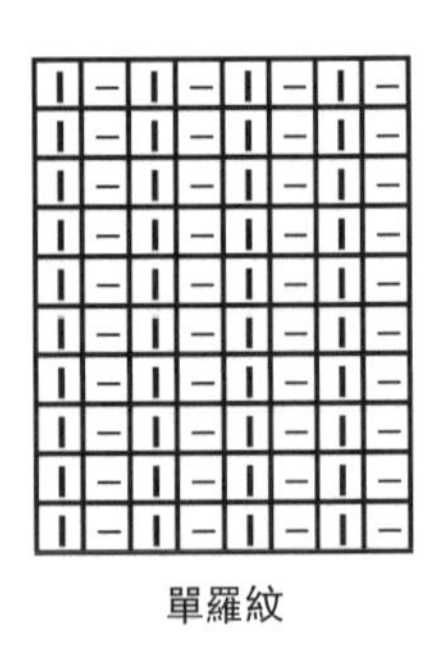

單羅紋

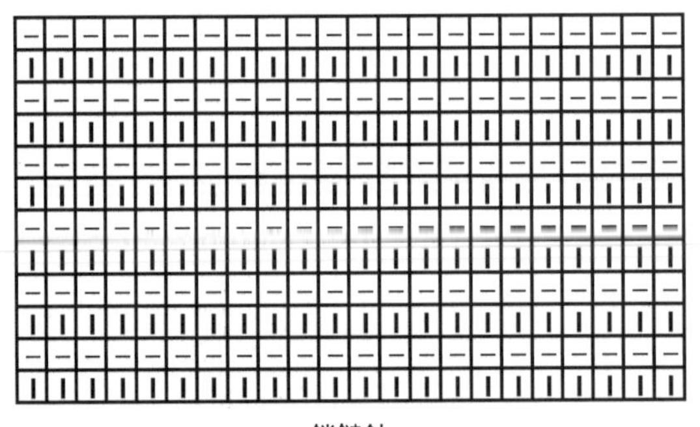

鎖鏈針

編織步驟:

1. 用6號針起160針環形織17公分單羅紋。
2. 改織2行上針和2行下針後，在兩肋分別平加出64針，合成288針大圈向上織並按圖解加減針至28公分處。
3. 餘針改織2公分鎖鏈針，收平邊。

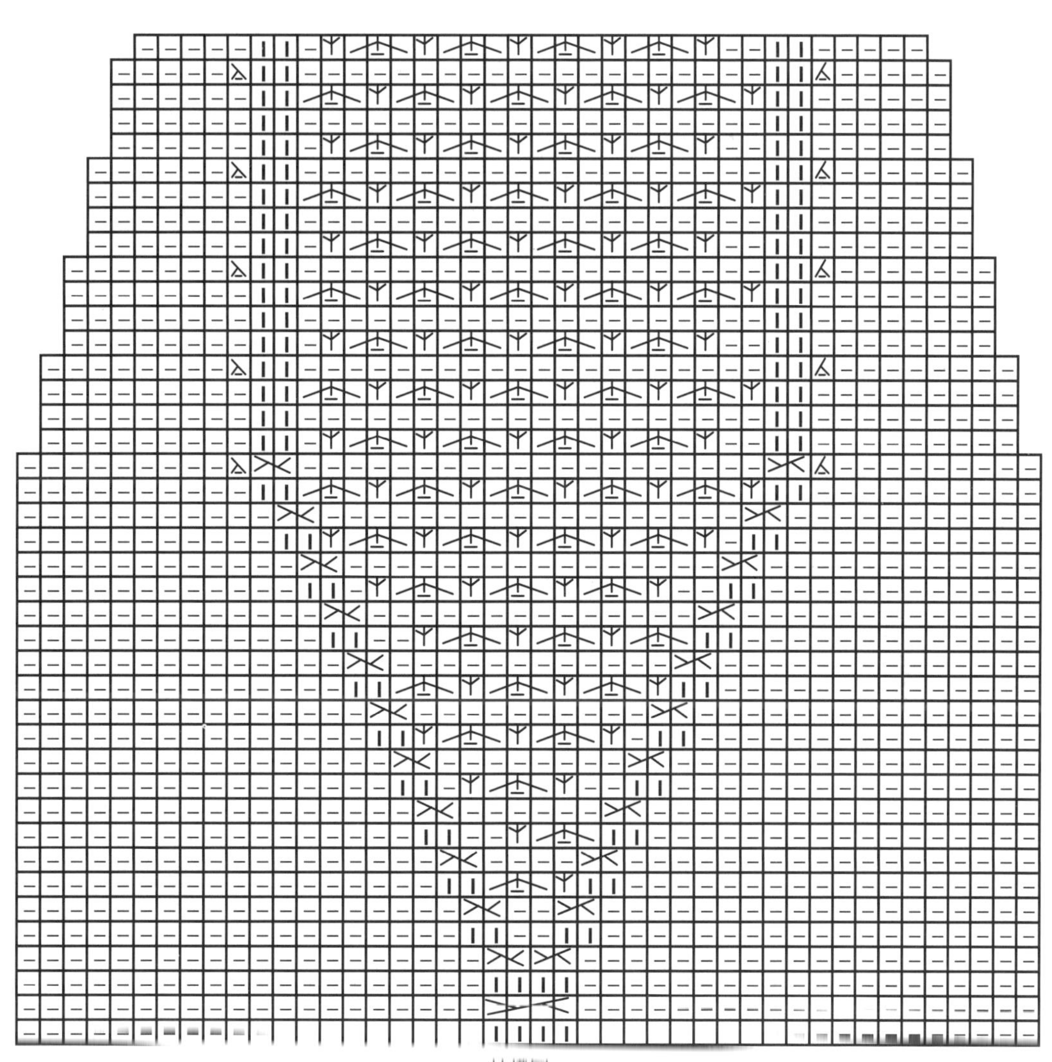

編織圖

重點提示

纖完下襬後平加的針目過多的話，可改用環形針向上織，以免掉針。

米蘭披肩

材料：純毛粗線
工具：6號針
用量：300克
密度：20針X24行=10平方公分
尺寸：(公分) 以實物爲準

編織說明：

織一個長方形後，再鉤一個長繩，串入相應位置。

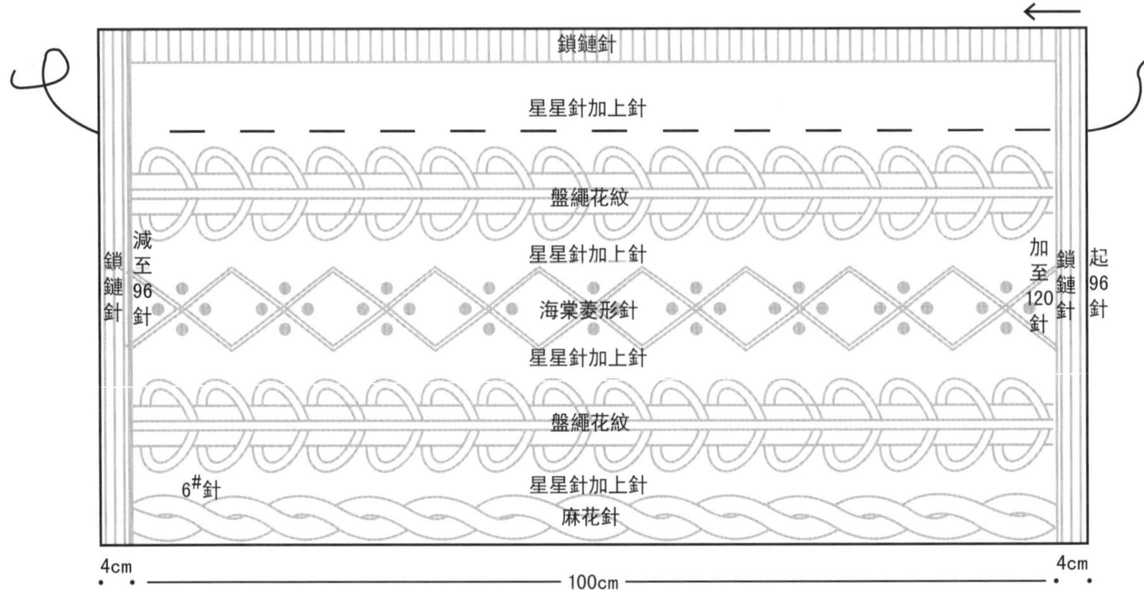

整體排花：

8	8	1	22	1	8	15	8	1	22	1	17	8
麻花針	星星針	上針	盤繩花紋	上針	星星針	海棠菱形針	星星針	上針	盤繩花紋	上針	星星針	鎖鏈針

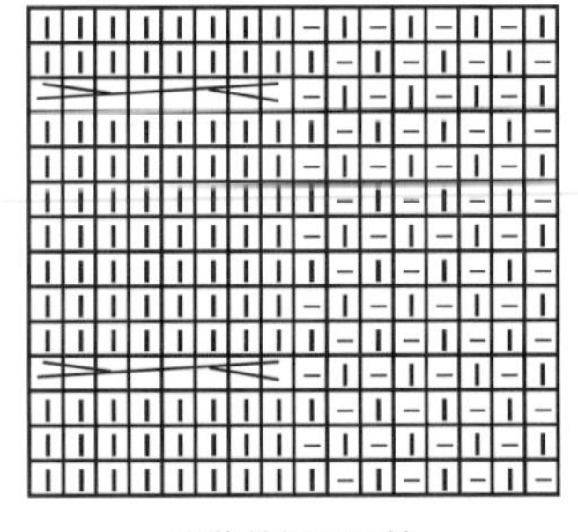

麻花針加星星針

編織步驟:

1. 用6號針起96針織4公分鎖鏈針,加至120針按排花織100公分後,再減至96針織4公分鎖鏈針。
2. 鉤一根長繩串入上針組內,做為頸部繫繩。

鎖鏈針

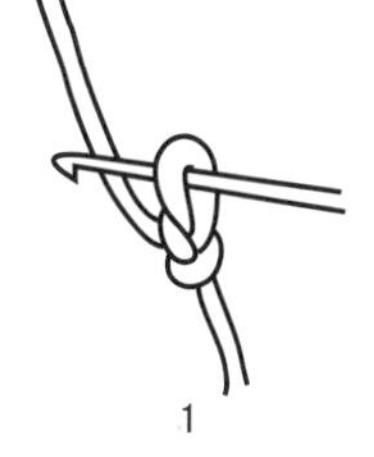

1

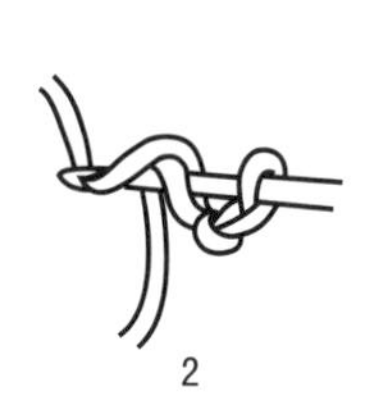

2

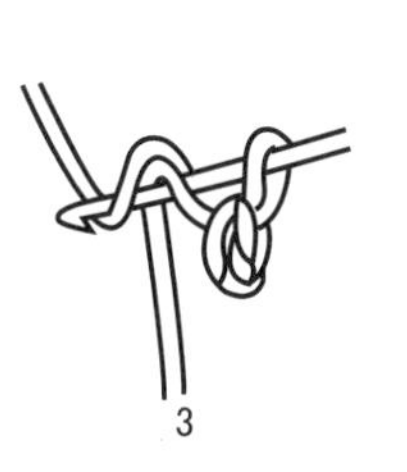

3

4

鉤小繩方法

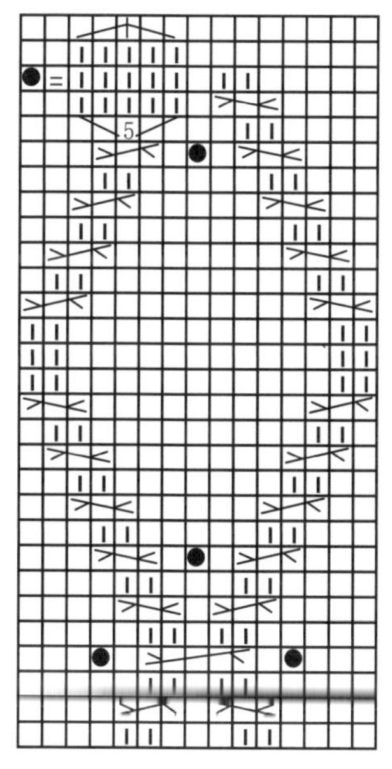

海棠菱形針

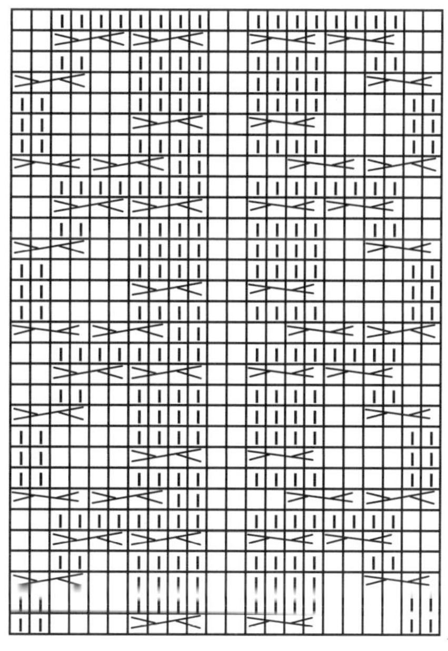

盤繩花紋

重點提示

為保持整體密度一致,起針和收針處的鎖鏈針要少於正身針目。

多用披肩

材料： 純毛粗線
工具： 6號針
用量： 300克
密度： 22針X24行=10平方公分
尺寸： (公分) 以實物爲準

編織說明：

從左袖起針環形織，至腋下後統一加針並分片織，相應長度後統一減針合圈織右袖。

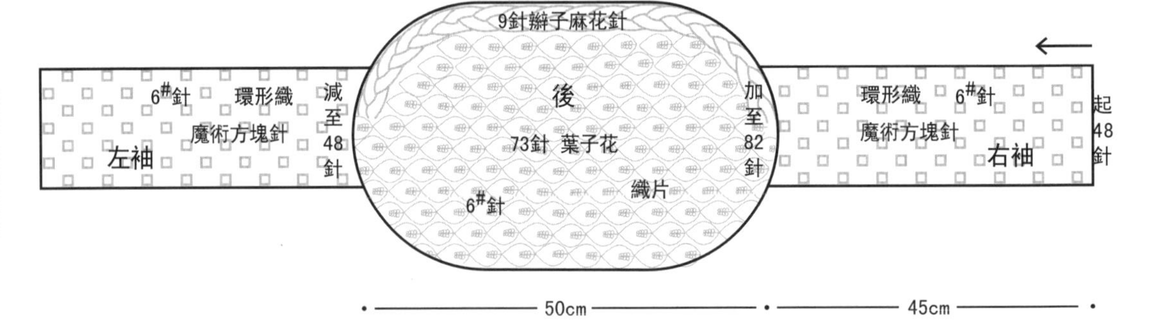

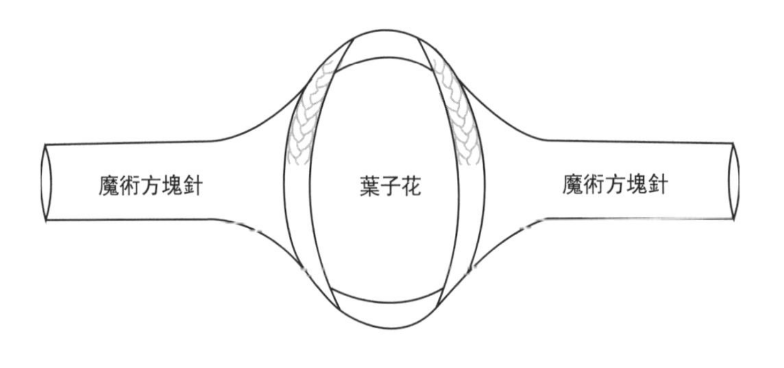

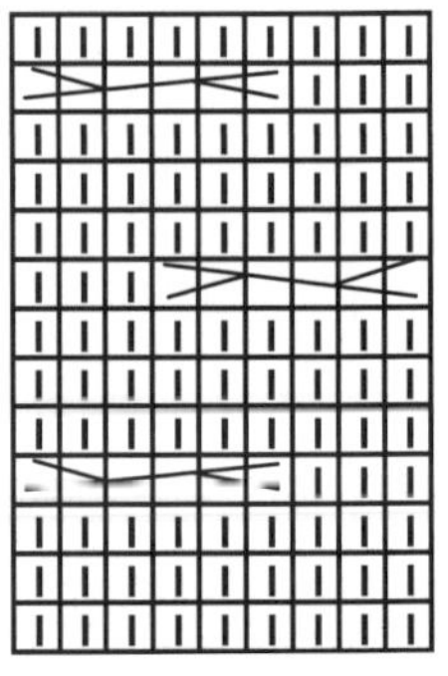

9針辮子麻花針

編織步驟:

1. 用6號針起48針環織45公分魔術方塊針後，一次性加至82針改織片，9針織辮子麻花針（第4行扭針），餘73針織葉子花。
2. 片織50公分後，統一減至48針環形織45公分魔術方塊針後收針。

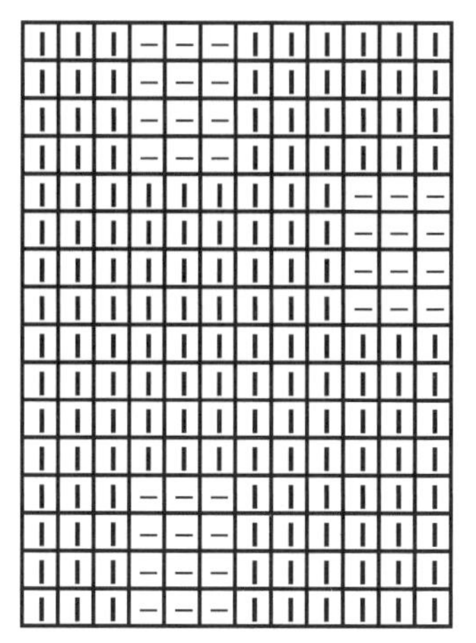

魔術方塊針

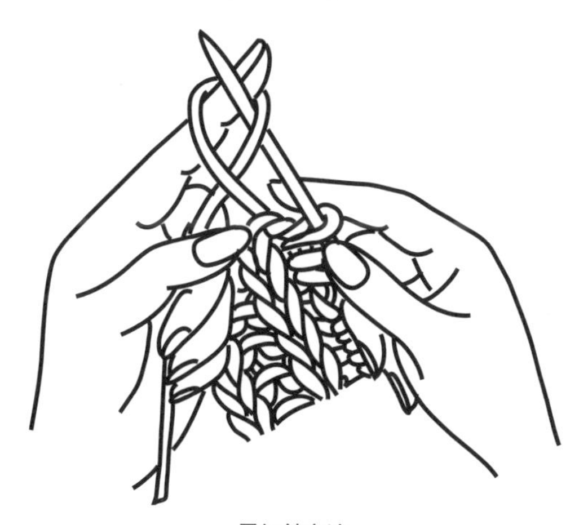

平加針方法

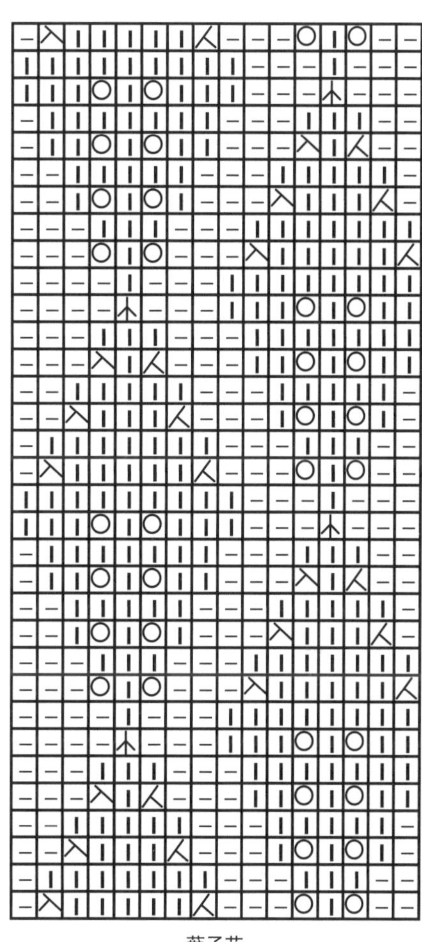

葉子花

重點提示

此作品可做小披肩穿著，也可以做圍巾。

明星小配飾

材料： 純毛粗線
工具： 6號針
用量： 400克
密度： 22針X26行=10平方公分
尺寸：（公分）圍巾長160　寬28

編織說明：

織一條長圍巾，再織一個扇形後腰，與圍巾按圖縫合。

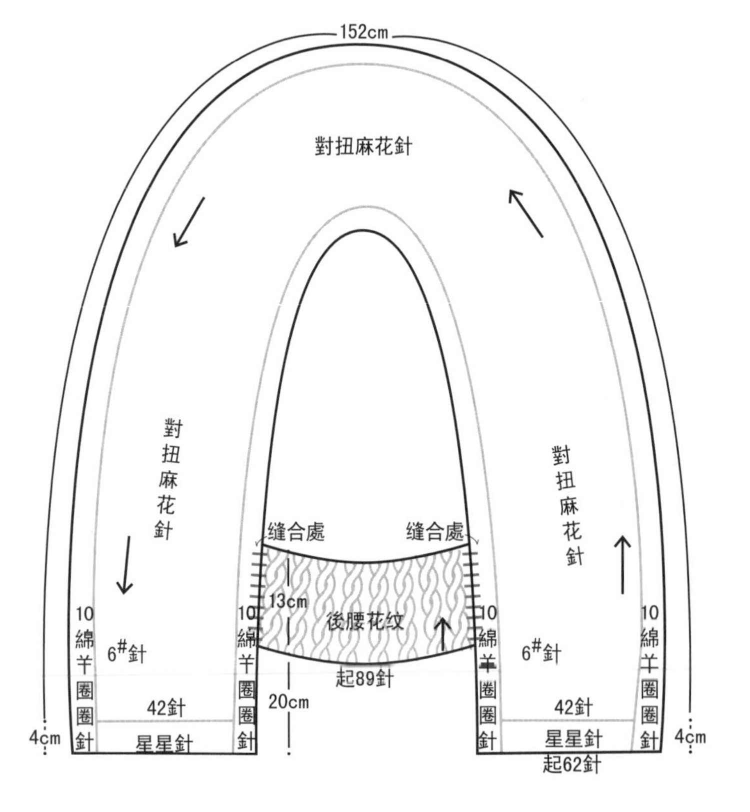

圍巾排花：

10	1	40	1	10
綿羊圈圈針	上針	對扭麻花針	上針	綿羊圈圈針

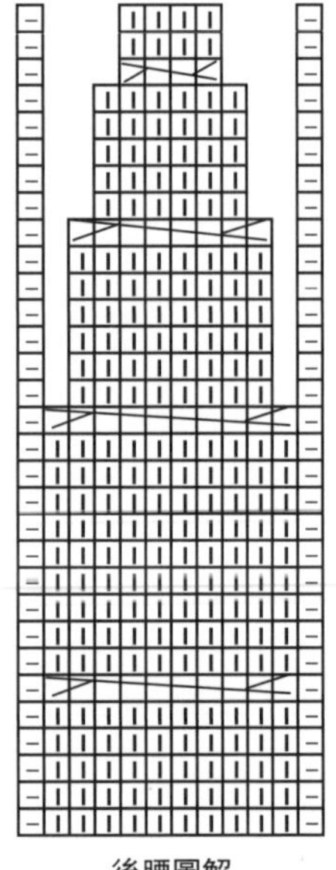

後腰圖解

編織步驟:

1. 用6號針起62針往返織，左右各10針織綿羊圈圈針，中間42針織星星針，至4公分時按排花織152公分後，再織4公分星星針和綿羊圈圈針，兩頭對稱。
2. 另線起89針按圖解織扇形後腰，只在麻花內減針，麻花每扭一次針減2針，從10針麻花變為8針麻花、6針、4針，至13公分時緊收平邊。
3. 將扇形後腰與圍巾豎縫合。

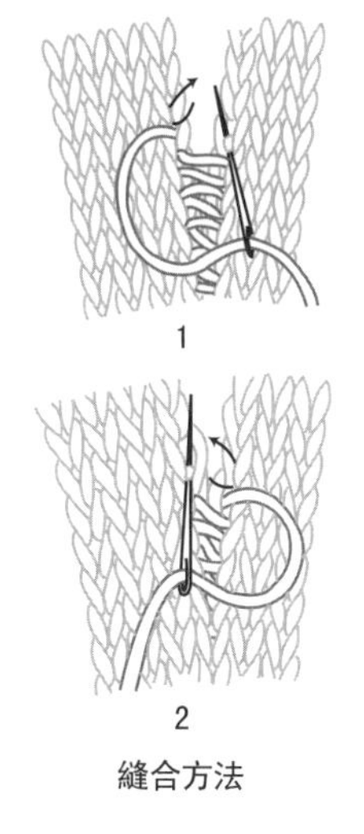

縫合方法

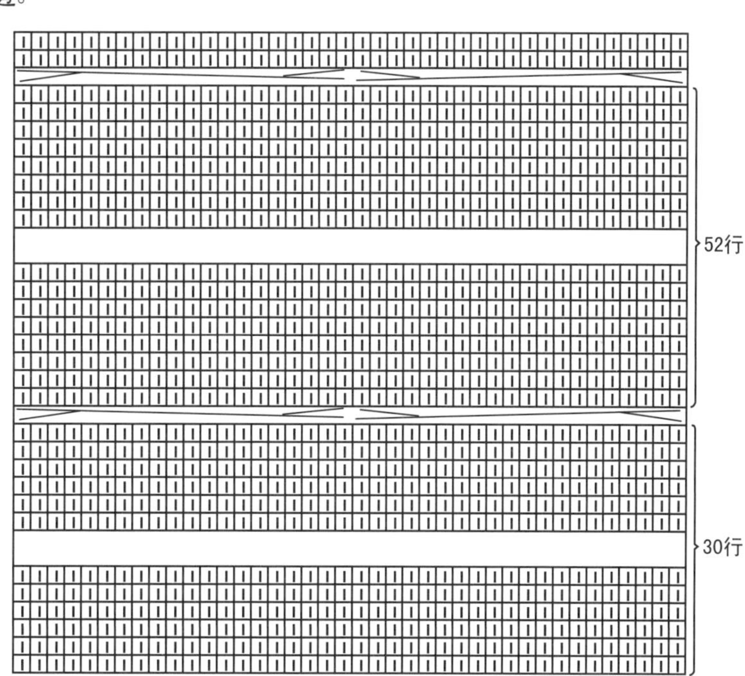

對扭麻花針

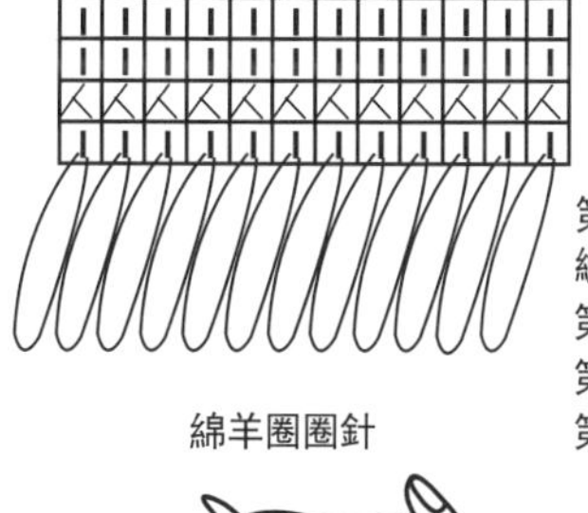

綿羊圈圈針

第一行：右食指繞雙線織下針，然後把線套繞到正面，按此方法織第2針。
第二行：由於是雙線所以2針併1針織下針。
第三、四行：織下針，並拉緊線套。
第五行以後重複第一到第四行。

星星針

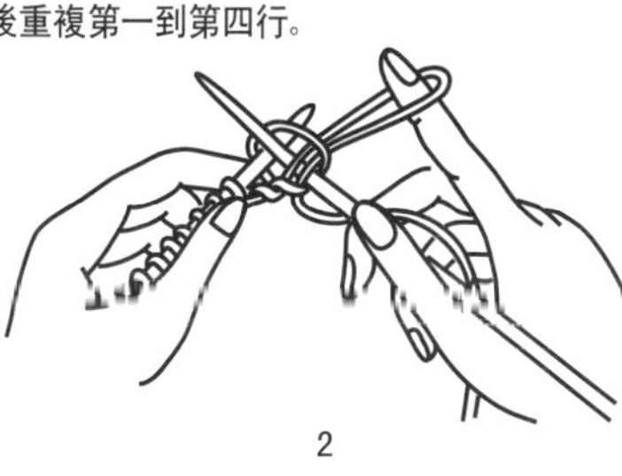

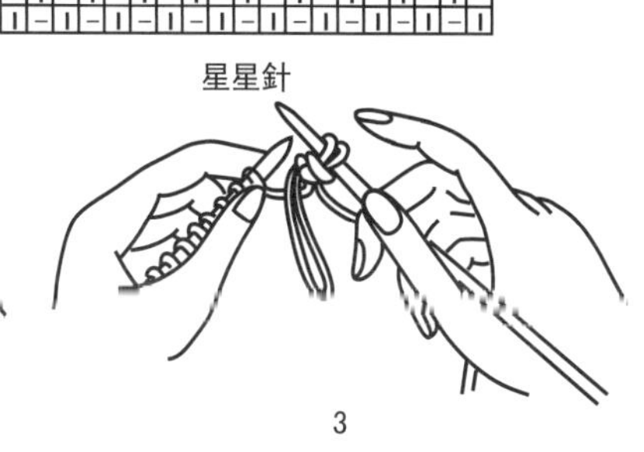

1 2 3

綿羊圈圈針

重點提示

扇形後腰需緊收針，否則腰部不服貼。

糖果粒披肩

材料：純毛粗線
工具：6號針
用量：350克
密度：22針X24行=10平方公分
尺寸：(公分) 以實物爲準

編織説明：

從下襬起針後直接按花紋織，統一減針後改花紋，最後織領子。

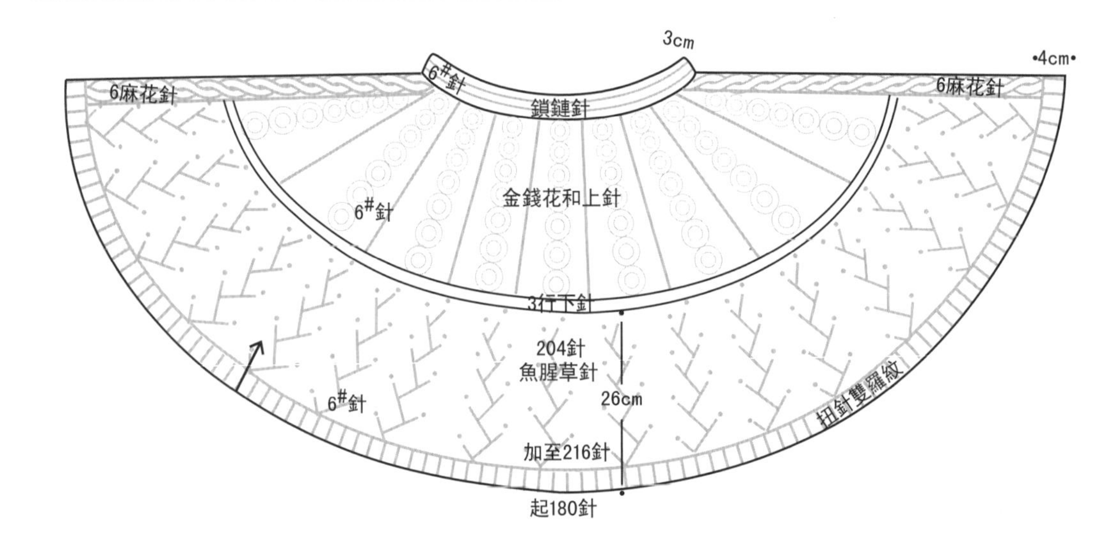

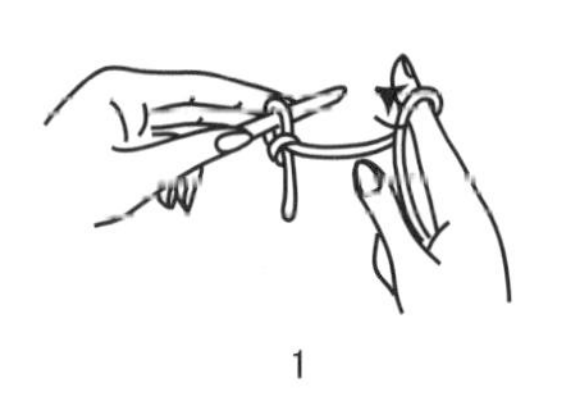

1

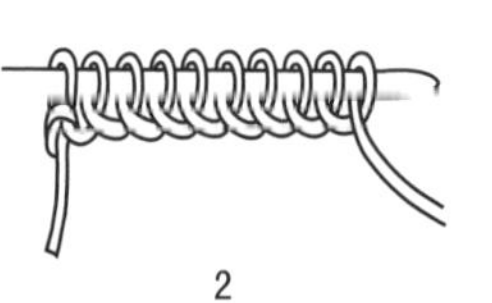

2

繞線起針法

整體排花：

6	204	6
麻花針	魚腥草針	麻花針

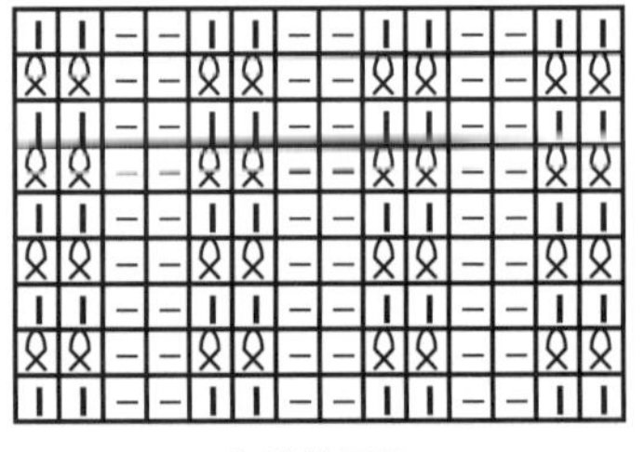

扭針雙羅紋

編織步驟:

1. 用6號針起180針往返織4公分扭針雙羅紋後，統一加至216針，左右各6針織麻花針，中間204針織魚腥草針。
2. 至26公分時，將中間的204針魚腥草針統一減至123針織3行下針，左右的鎖鏈針門襟不變。
3. 肩部按圖解改織金錢花和上針，並隔9行在下針的左右各減1針，減3次後，餘針改織3公分鎖鏈針後收平邊。

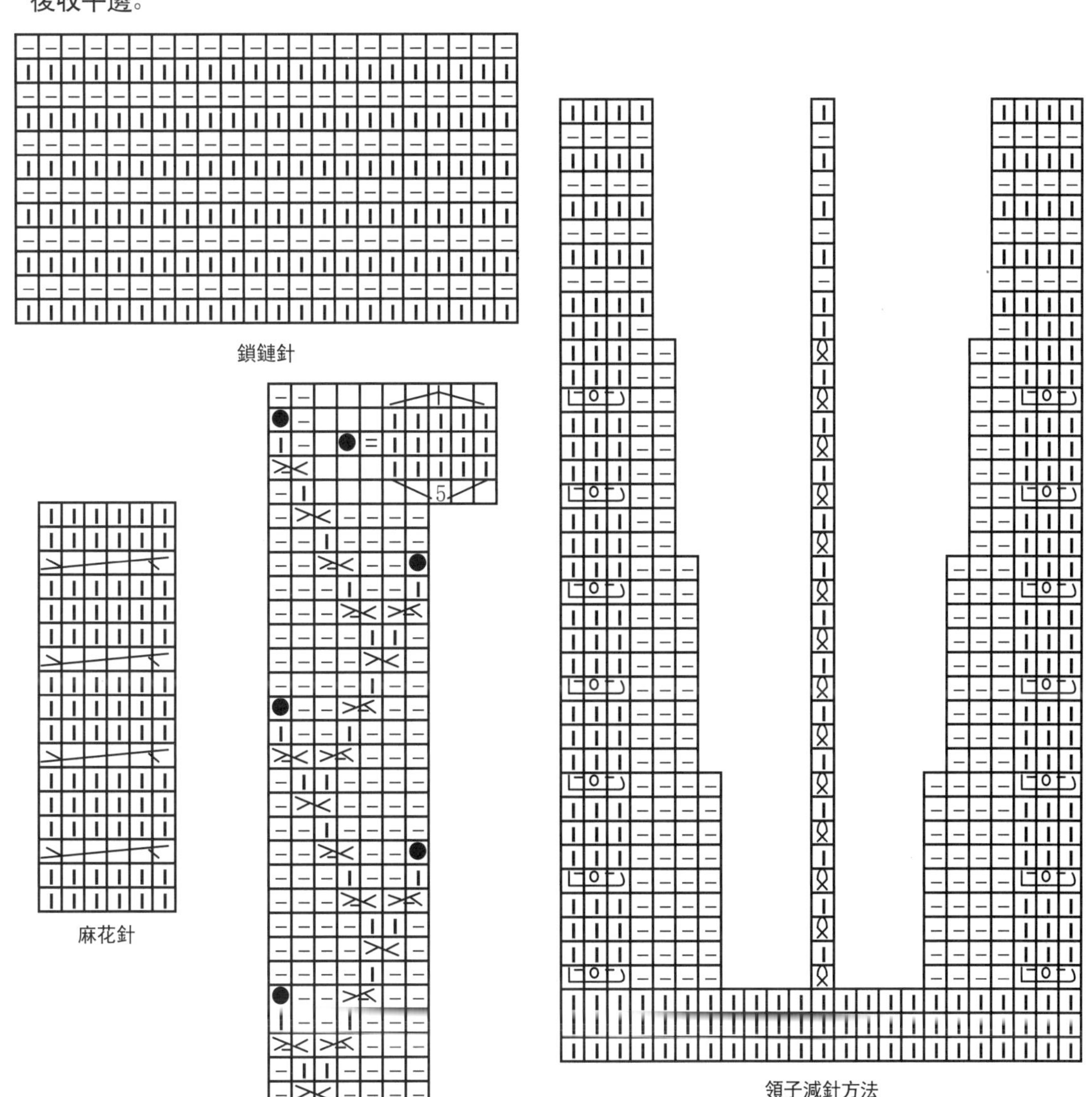

重點提示

有小球球的針法相對費線，因球球不佔尺寸，編織前應注意毛線用量。

立領披肩

材料： 純毛粗線
工具： 6號針　8號針
用量： 450克
密度： 20針X24行=10平方公分
尺寸： (公分) 以實物爲準

編織說明：

從領子向下織，只在前後胸正中加針，左右肩不加針，相應長度後前後片分別織底邊，兩袖口處餘針與挑針合圈織袖口，收彈性邊。

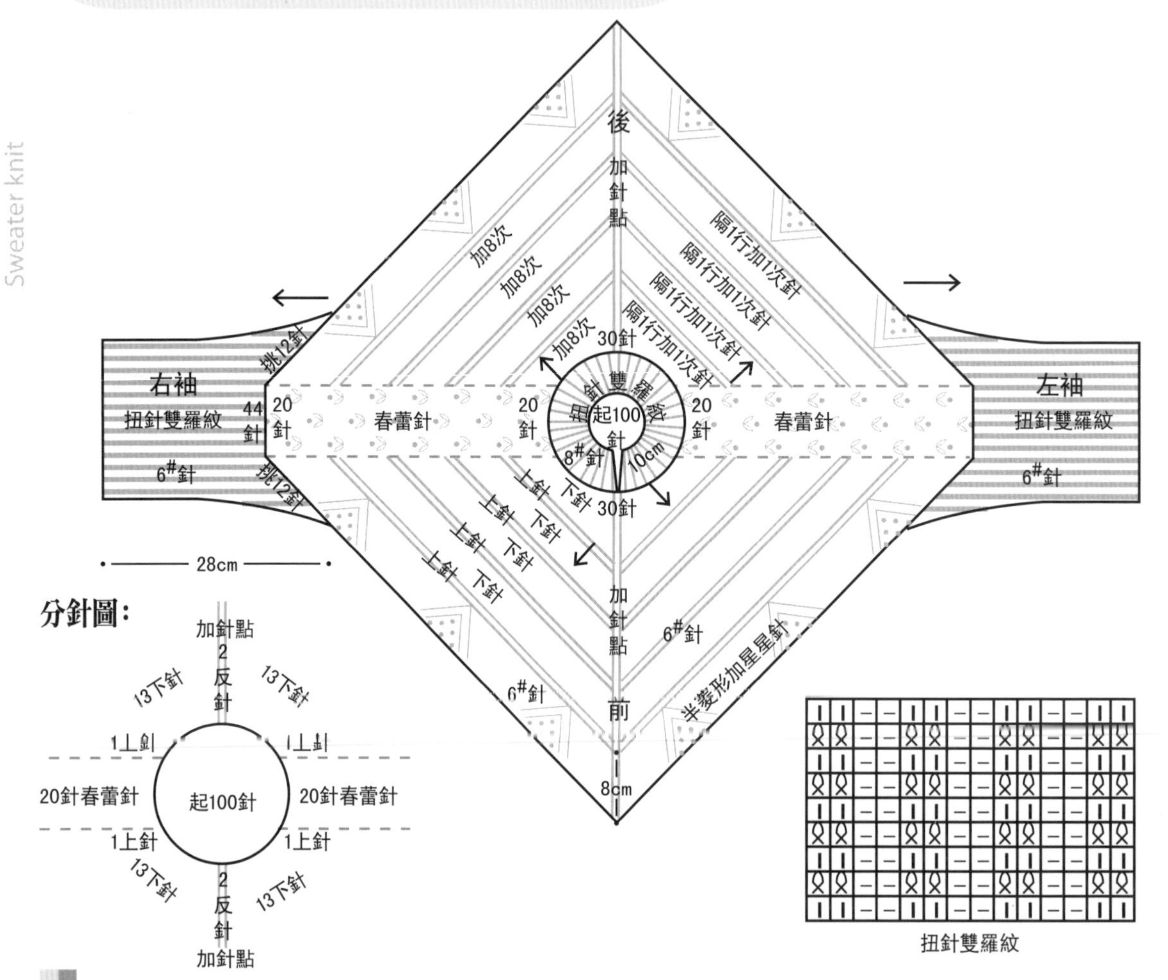

編織步驟:

1. 用8號針從領口起100針往返織10公分扭針雙羅紋。
2. 合圈織，並按圖分針，分別在前後2上針加針點的左右隔1行加1針，加8次後，織2行上針，如此重複4次，總針數加至228針。
3. 將前後下襬改織8公分半菱形加星星針後收彈性邊。
4. 左右袖從原有20針的前後再挑出24針，合成44針用6號針織28公分扭針雙羅紋，收彈性邊。

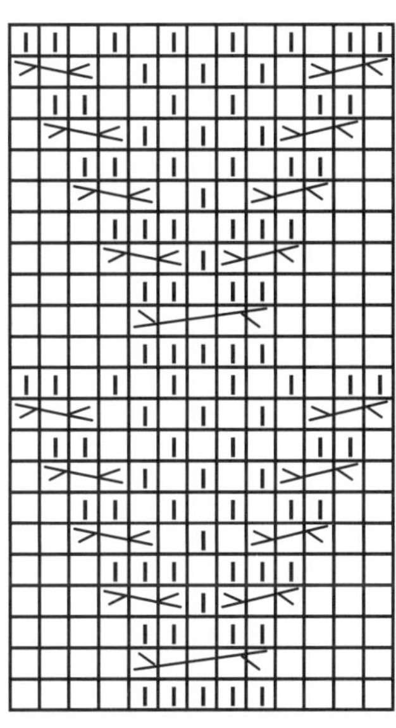

半菱形加星星針

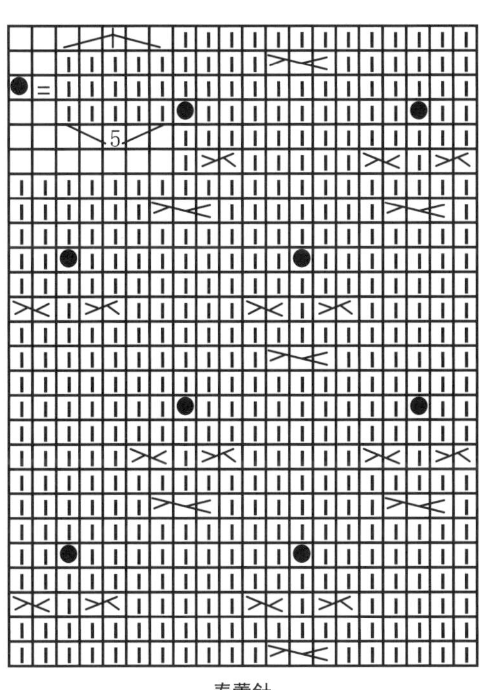

春蕾針

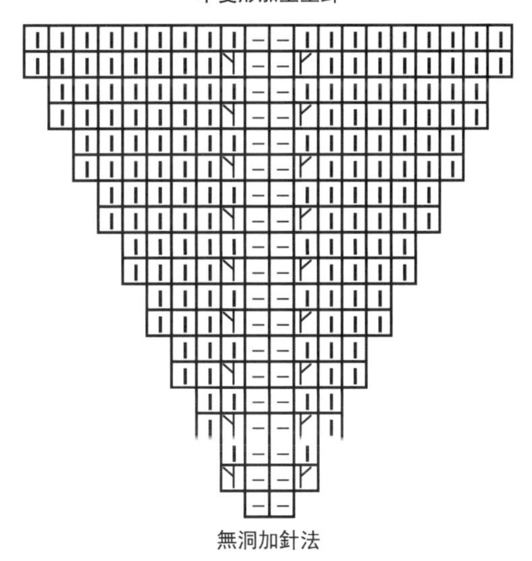

無洞加針法

重點提示

前後下襬收針時不要過緊，保持彈性以便於穿著。

孔雀羽披肩

材料： 純毛粗線
工具： 6號針
用量： 650克
密度： 22針X24行=10平方公分
尺寸： (公分) 以實物爲準

編織說明：

織一個長方形，在正中挑針織第二個長方形，按相同字母縫合後，在形成的開口處環挑40針織袖口。

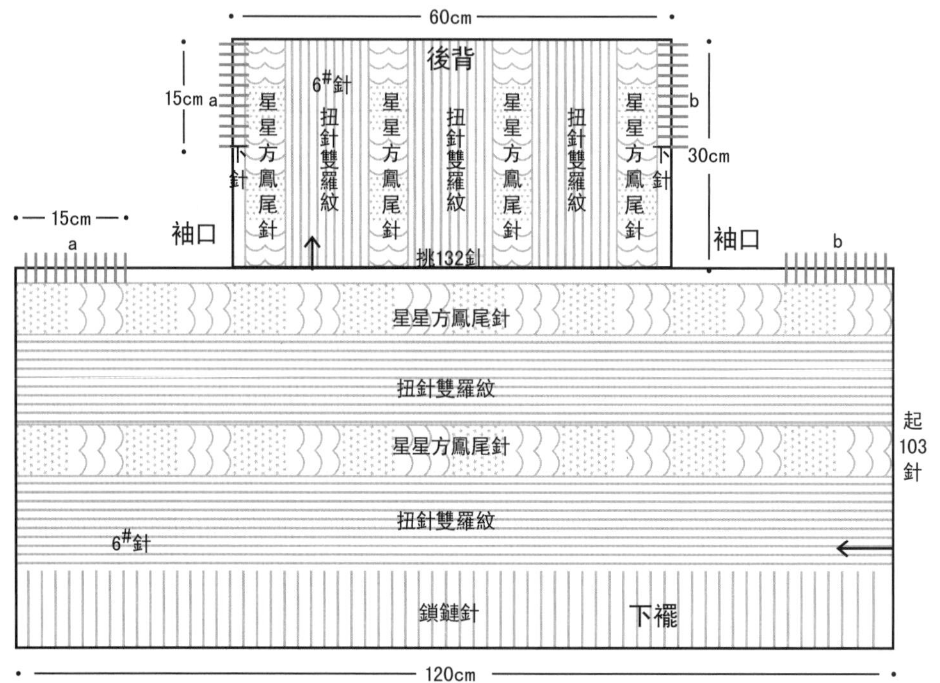

圍巾排花：

24	26	13	26	13	1
鎖鏈針	扭針雙羅紋針	星星方鳳尾針	扭針雙羅紋針	星星方鳳尾針	下針

後背排花：

1	13	26	13	26	13	26	13	1
下針	星星方鳳尾針	扭針雙羅紋針	星星方鳳尾針	扭針雙羅紋針	星星方鳳尾針	扭針雙羅紋針	星星方鳳尾針	下針

編織步驟:

1. 用6號針起103針按排花往返織120公分的長圍巾。
2. 從後背60公分處挑出132針按排花織30公分後背。
3. 按相同字母縫合a-a、b-b後，在餘下的15公分開口為袖口，挑出40針，環形織30公分扭針雙羅紋，收彈性邊。

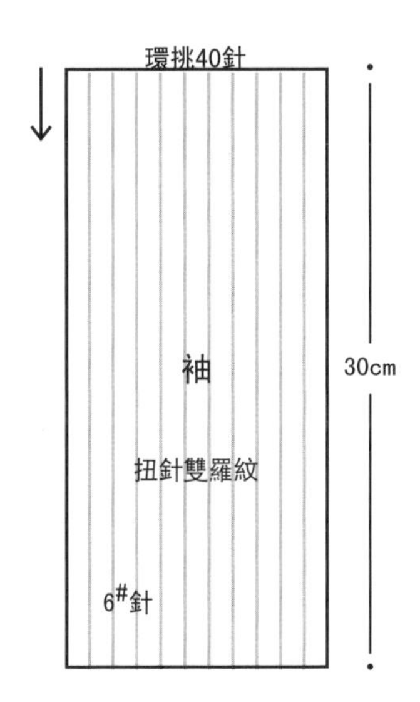

星星方鳳尾針

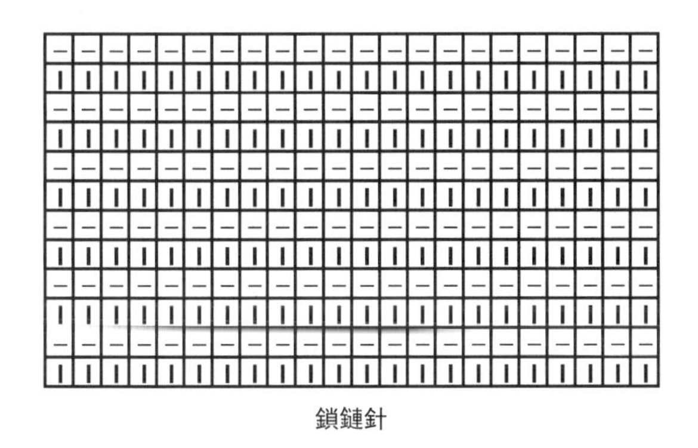

鎖鏈針

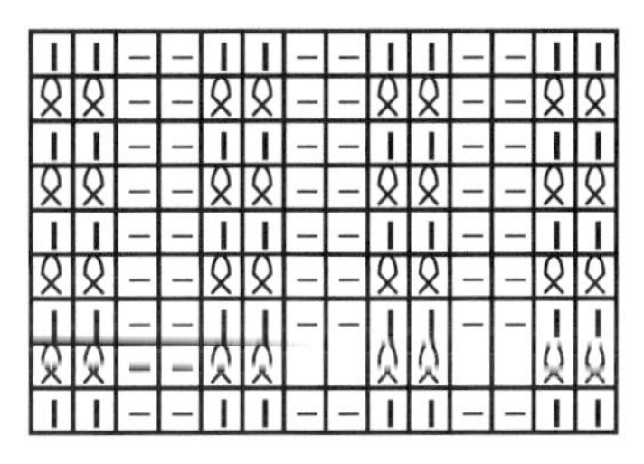

扭針雙羅紋

重點提示

挑針和縫合時，注意花紋對稱。

圓襬披肩

材料： 純毛粗線
工具： 6號針
用量： 250克
密度： 22針X24行=10平方公分
尺寸： (公分) 以實物爲準

編織說明：

織一條寬圍巾，從正中位置挑針織相同花紋後，按要求縫合相應位置縫好扣子。

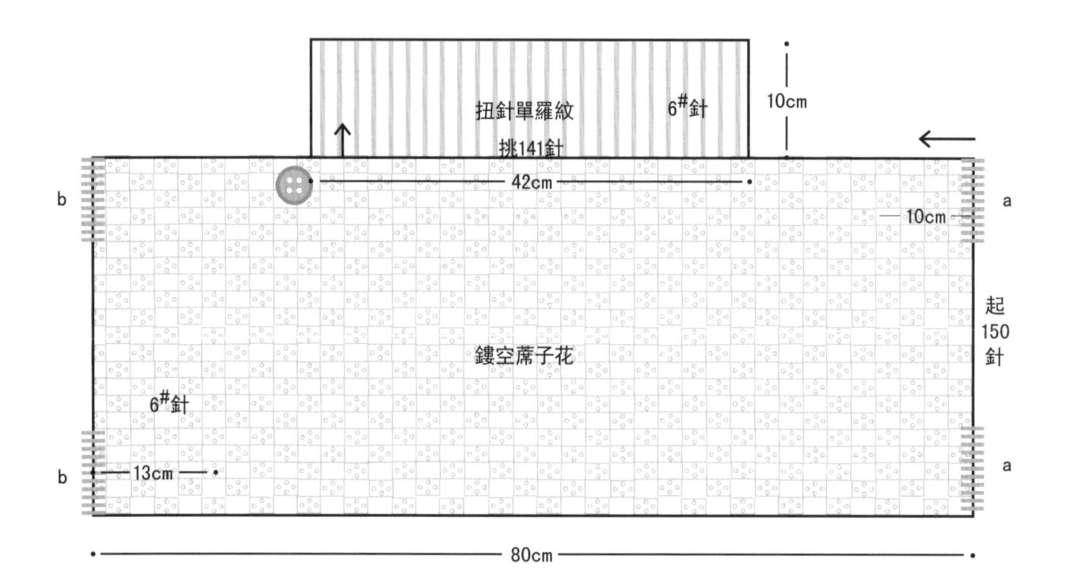

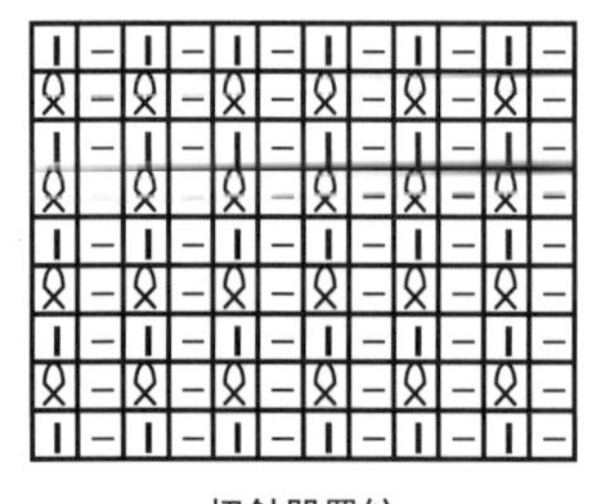

扭針單羅紋

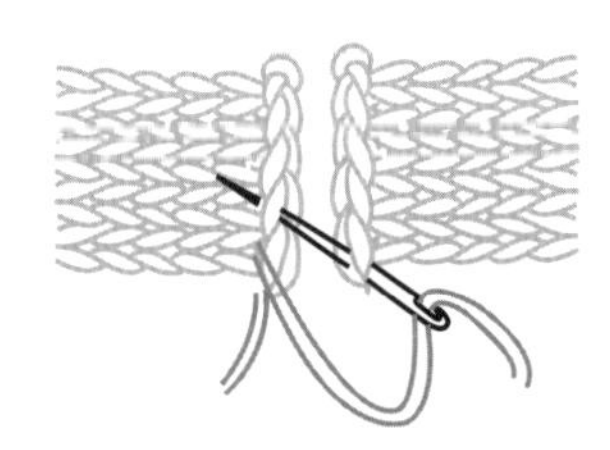

對頭縫合方法

編織步驟:

1. 用6號針起105針往返鬆織80公分鏤空蓆子花。
2. 在正中42公分位置挑141針用6號針織10公分扭針單羅紋做領子。
3. 在相應位置縫好扣子，不必織扣眼，直接扣入自然的編織紋理。
4. 按相同字母a-a，b-b縫合形成披肩。

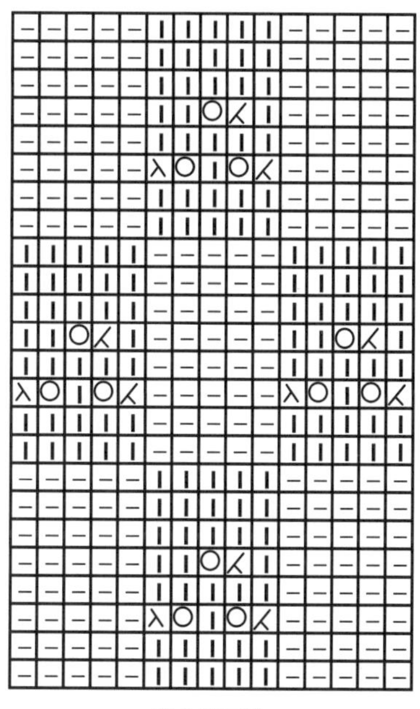

鏤空蓆子花

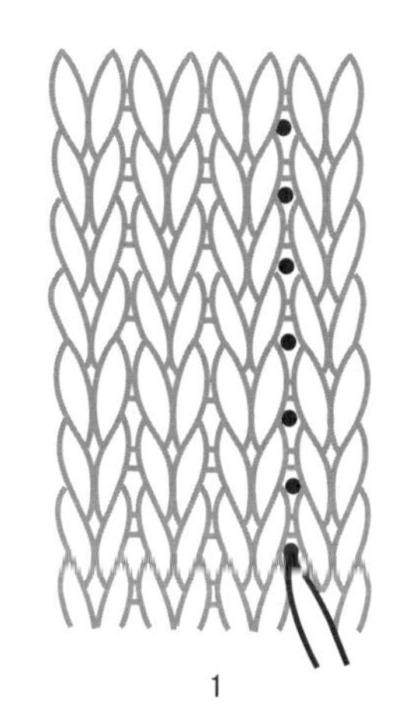

1

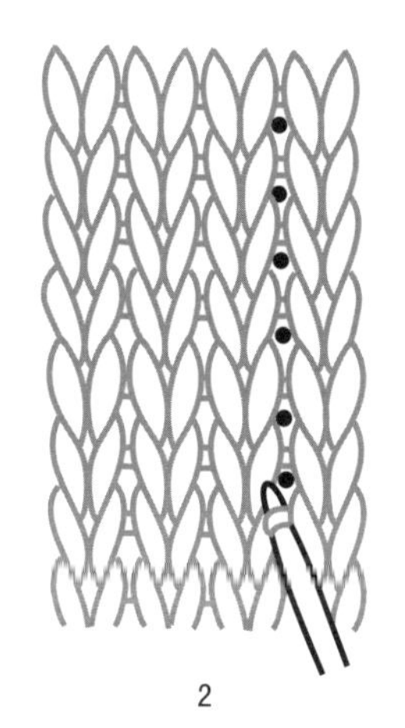

2

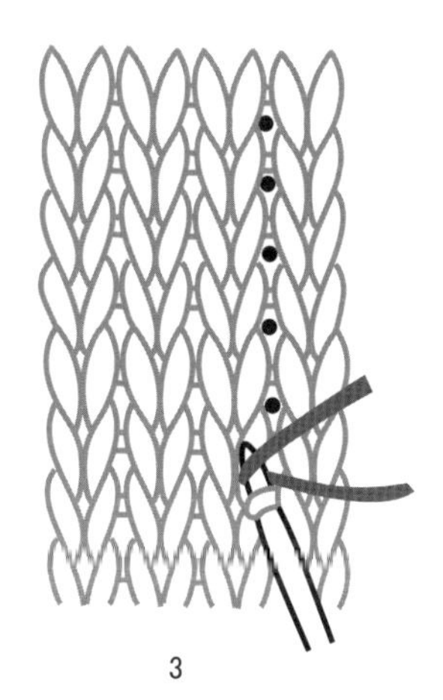

3

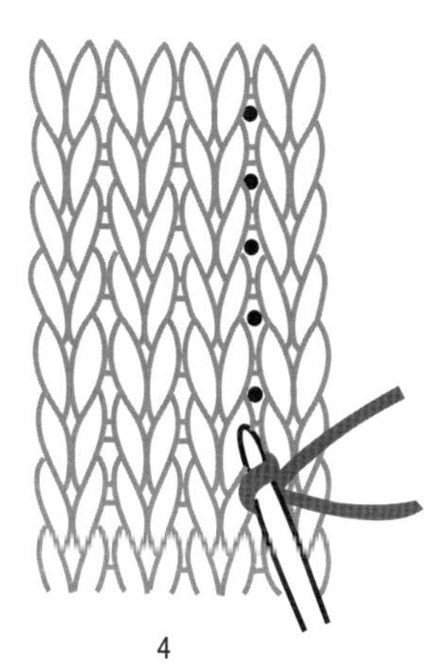

4

挑針織法

重點提示

領邊安排2下針，自然內捲1針後，剛好形成扭針單羅紋效果。

可愛粒粒披肩

材料：純毛粗線
工具：6號針 6號環形針
用量：350克
密度：20針X24行=10平方公分
尺寸：(公分) 以實物爲準

編織說明：

按圖織T形片後，將兩長條與兩肋縫合形成袖窿，最後將門襟等一起挑織。

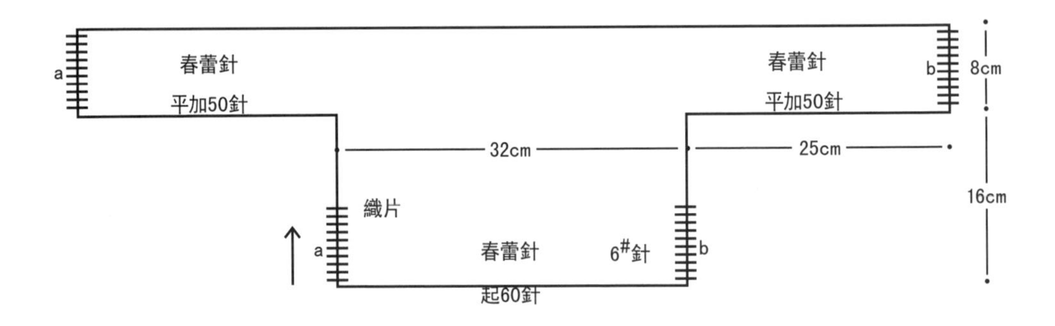

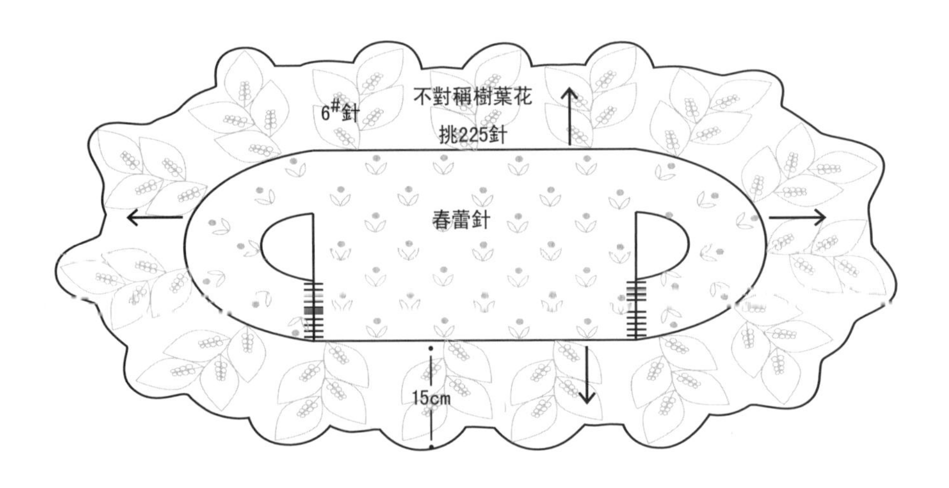

編織步驟:

1. 用6號針起60針織春蕾針，織片，至16公分時，分別在兩側各平加50針後，向上織8公分春蕾針。
2. 如圖示a-a，b-b縫合，開口為袖窿。
3. 用6號環形針從後脖、領口、門襟及後腰處挑出225針織不對稱樹葉花，15公分後，收彈性邊。

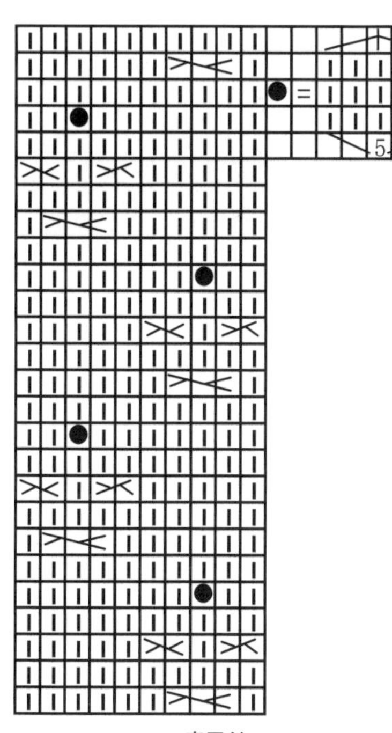

春蕾針

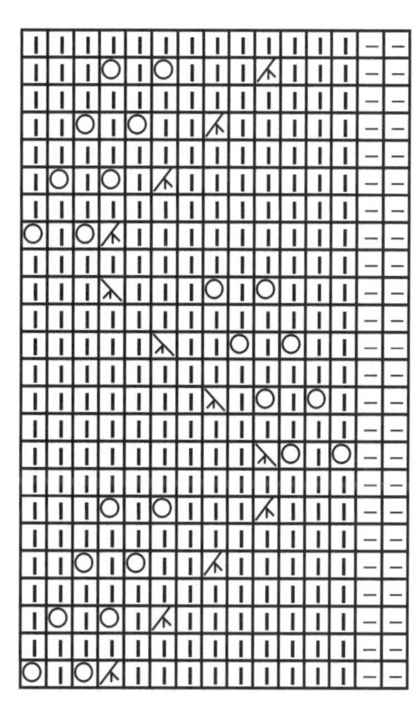
不對稱樹葉花

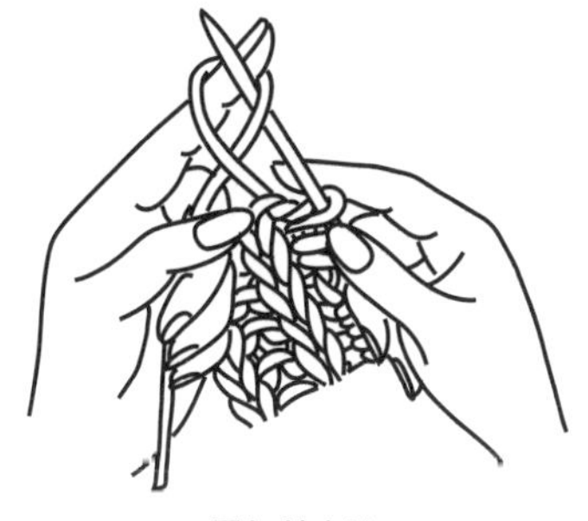
平加針方法

Sweater knit

重點提示

挑織圓門襟時，可用五根同號毛衣針，或用環形針編織。

海浪披肩

材料： 純毛粗線
工具： 6號針
用量： 650克
密度： 22針X24行=10平方公分
尺寸： (公分) 以實物爲準

編織說明：

織一條長圍巾，在圍巾的下緣挑相應針織前後片，從上緣挑針織領子，最後縫扣子。

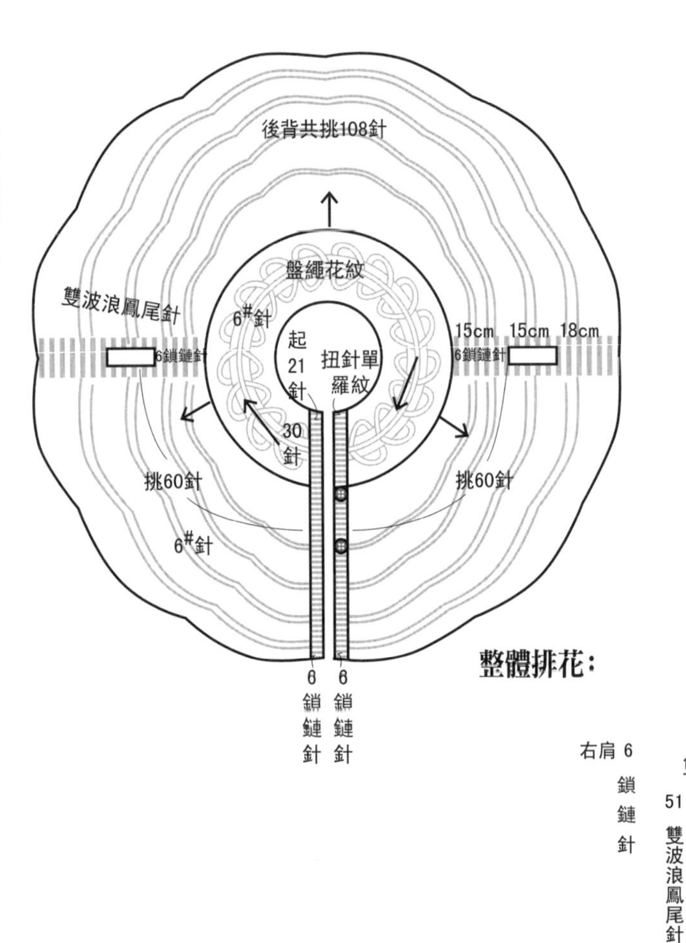

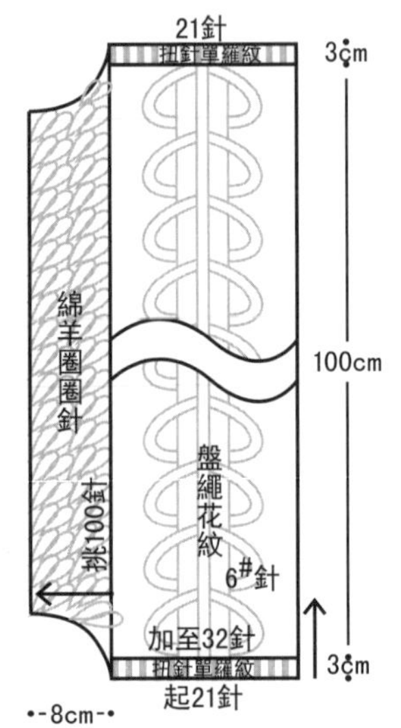

整體排花：

後背正中
102
雙波浪鳳尾針

右肩 6 鎖鏈針 | 51 雙波浪鳳尾針 | 6 鎖鏈針 | 6 鎖鏈針 | 51 雙波浪鳳尾針 | 6 左肩 鎖鏈針

圍巾排花：

3	2	22	2	3
下針	上針	盤繩花紋	上針	下針

編織步驟:

1. 用6號針起21針往返織3公分扭針單羅紋後，加至32針按排花織100公分後，再減至21針織3公分扭針單羅紋，收彈性邊，全長106公分。
2. 在長圍巾的前後四分之一位置左右各挑60針，後片挑108針，整片共228針向下織15公分後，以兩肩6鎖鏈針為分界處分別往返織15公分後再合大片織18公分，開口為袖口。最後鬆收平邊。
3. 領子從帶子的上挑100針織8公分綿羊圈圈針，緊收平邊，縫好扣子。

扭針單羅紋

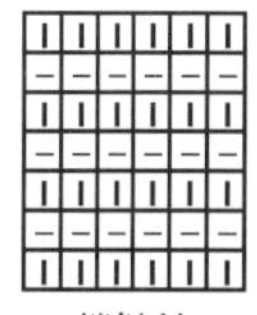

鎖鏈針

盤繩花紋

雙波浪鳳尾針

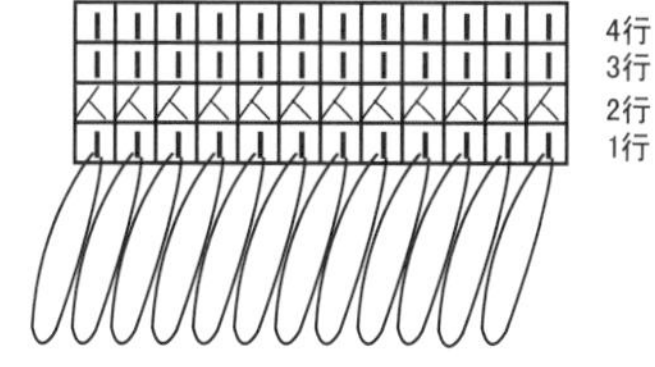

第一行：右食指繞雙線織下針，然後把線套繞到正面，按此方法織第2針。

第二行：由於是雙線所以2針併1針織下針。

第三、四行：織下針，並拉緊線套。

第五行以後重複第一到第四行。

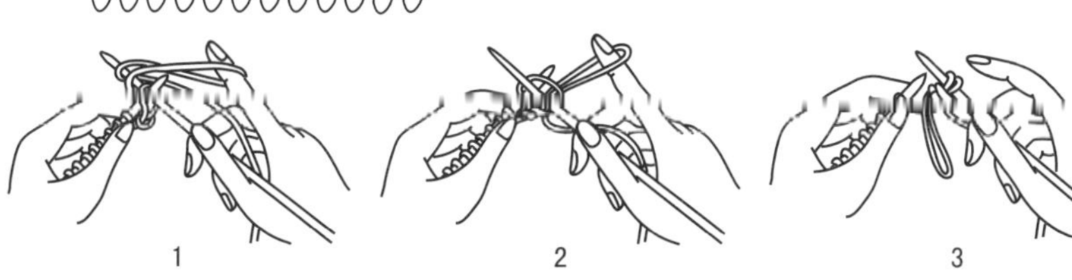

綿羊圈圈針

重點提示

兩肩安排織鎖鏈針防止開口捲邊，開口留在鎖鏈針中間，左右各3針。

英倫街頭披肩

材料： 純毛粗線
工具： 6號針
用量： 650克
密度： 22針X24行=10平方公分
尺寸：（公分）以實物為準

編織說明：

織一個長方形，在正中挑針織第二個長方形，按相同字母縫合後，在形成的開口處環挑40針織袖口。

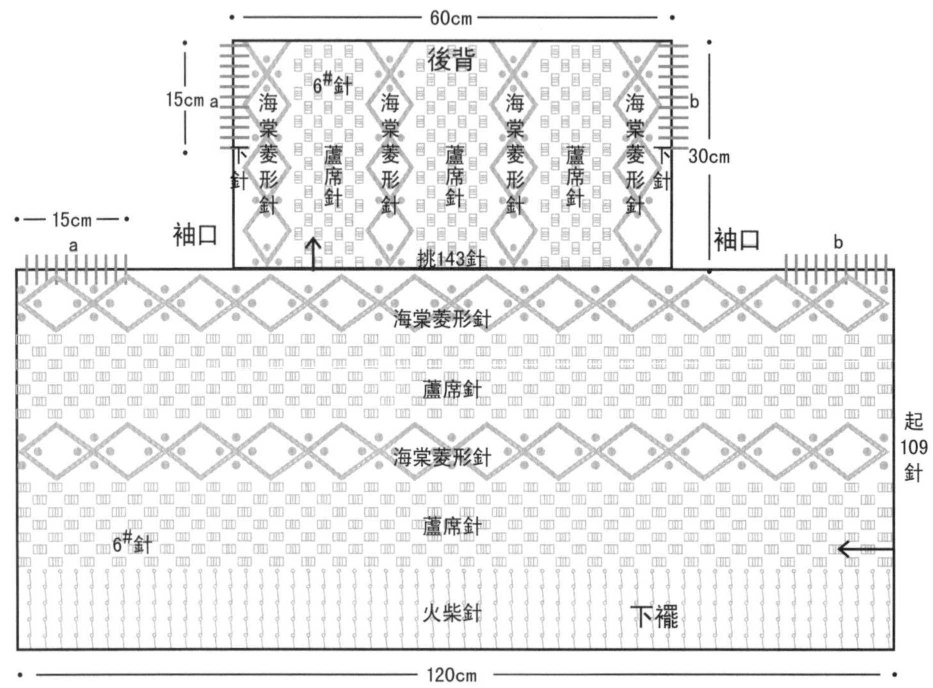

圍巾排花：

24	1	25	1	15	1	25	1	15	1
火柴針	上針	蘆席針	上針	海棠菱形針	上針	蘆席針	上針	海棠菱形針	下針

後背排花：

1	15	1	25	1	15	1	25	1	15	1	25	1	15	1
下針	海棠菱形針	上針	蘆席針	上針	海棠菱形針	上針	蘆席針	上針	海棠菱形針	上針	蘆席針	上針	海棠菱形針	下針

編織步驟:

1. 用6號針起109針按排花往返織120公分的長圍巾。
2. 從後背60公分處挑出143針按排花織30公分後背。
3. 按相同字母縫合a-a、b-b後，在餘下的15公分開口為袖口環挑40針，織30公分扭針雙羅紋，收彈性邊。

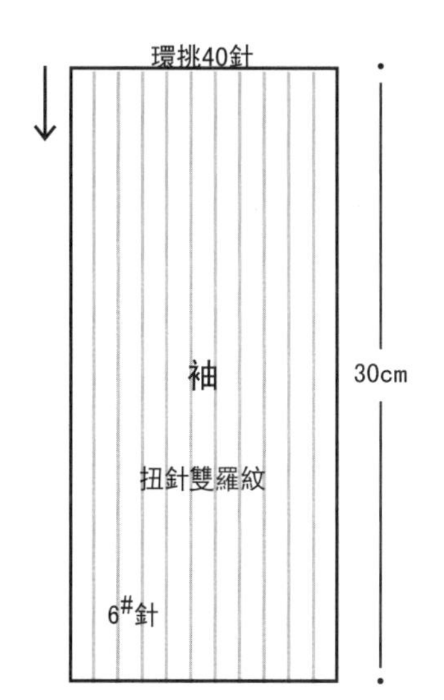

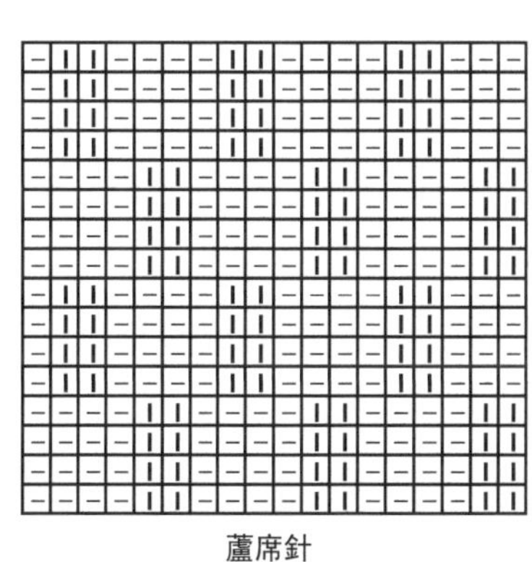

蘆席針

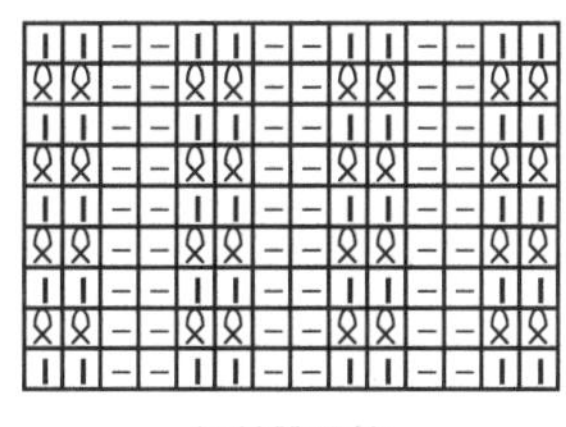

扭針雙羅紋

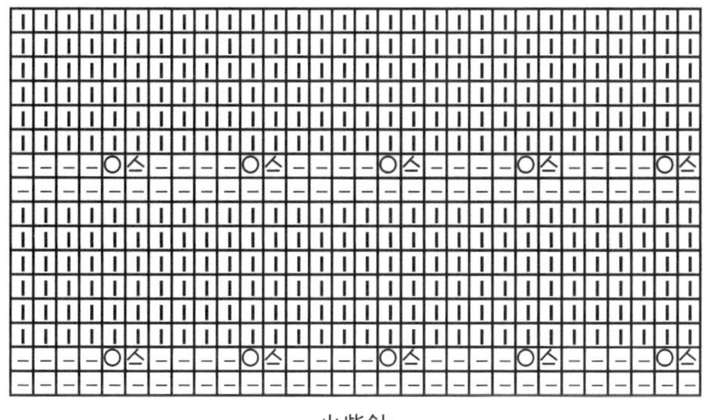

火柴針

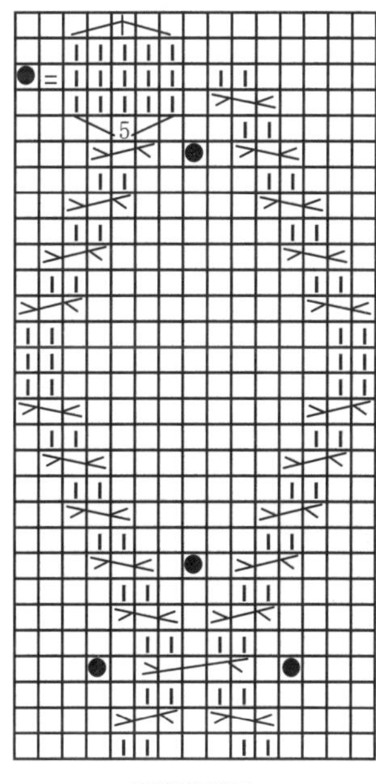

海棠菱形針

重點提示

縫合時從同一行進針，確保縫合痕跡整齊。

小袖披肩

材料： 純毛粗線
工具： 6號針
用量： 450克
密度： 20針X24行=10平方公分
尺寸： (公分) 以實物為準

編織說明：

從後背起針橫織，領口針目採引返編織，其餘針目織26公分平收下襬織22公分，合成原有針目後再直織45公分後第二次平收下襬織22公分，最後合總針目織26公分，剛好在後背縫合。從22公分位置環挑針織小袖。

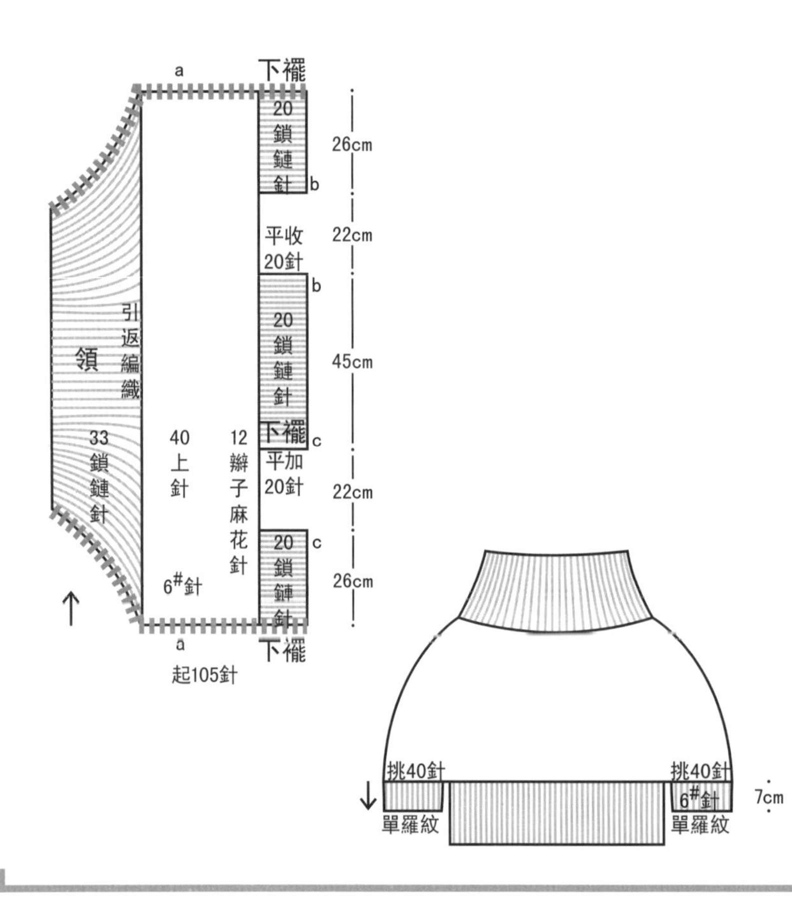

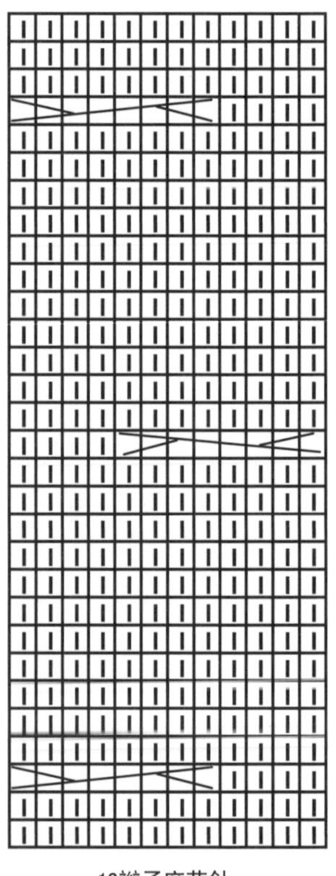

12辮子麻花針

編織步驟:

1. 用6號針起105針往返織，領部33針引返編織，其餘72針正常織，至26公分時，下襬20鎖鏈針收針。
2. 餘下的85針向上織22公分，領部引返編織方法不變。
3. 在右側平加20針繼續織鎖鏈針，合成105針大片再向上織45公分後，再次平收下襬20針鎖鏈針，平織22公分後再挑出平收的針目，合成105針織26公分平收，與起針位置縫合。領部採用引返編織。
4. 從22公分開口處用6號針環挑40針織7公分單羅紋，收彈性邊。

整體排花:

33	40	12	20
鎖鏈針	上針	辮子麻花針	鎖鏈針

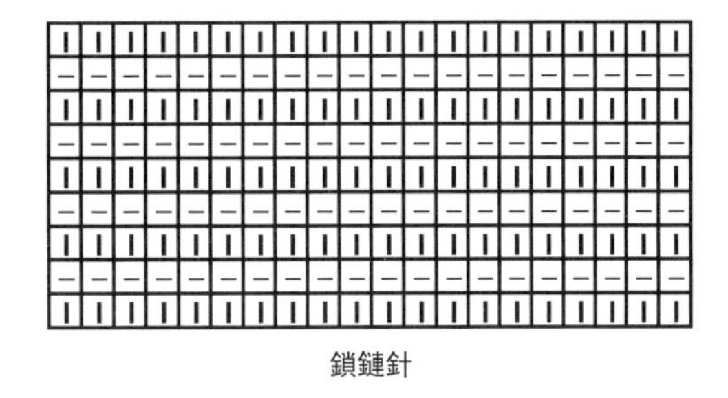

鎖鏈針

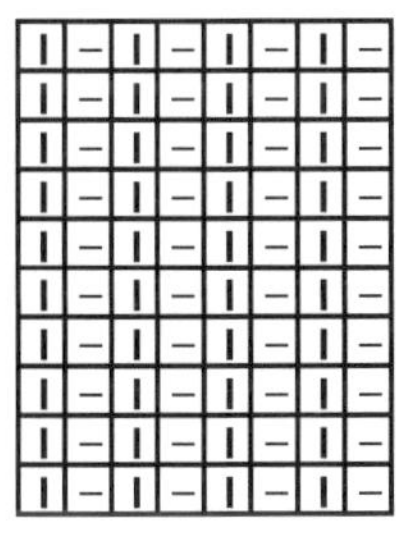

單羅紋

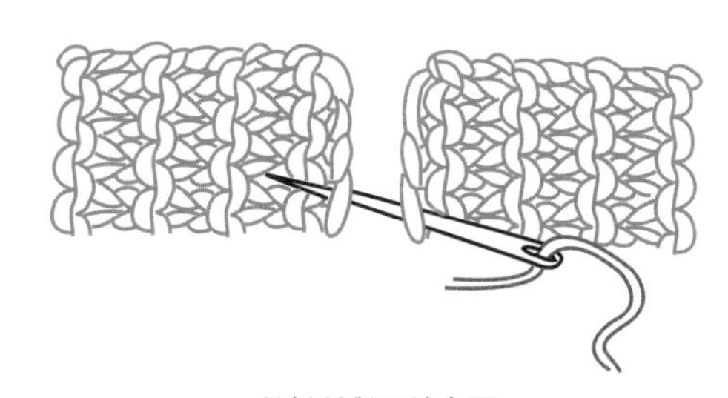

鎖鏈針對頭縫合圖

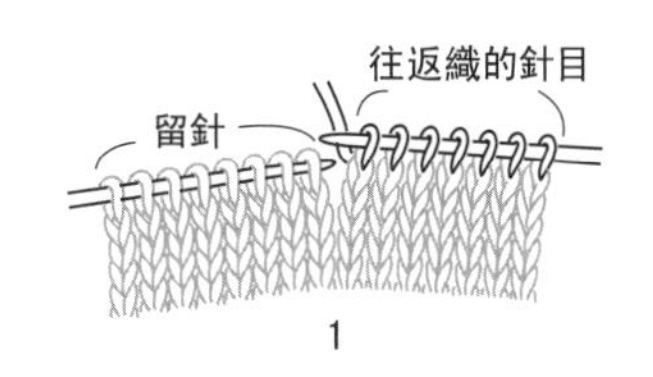

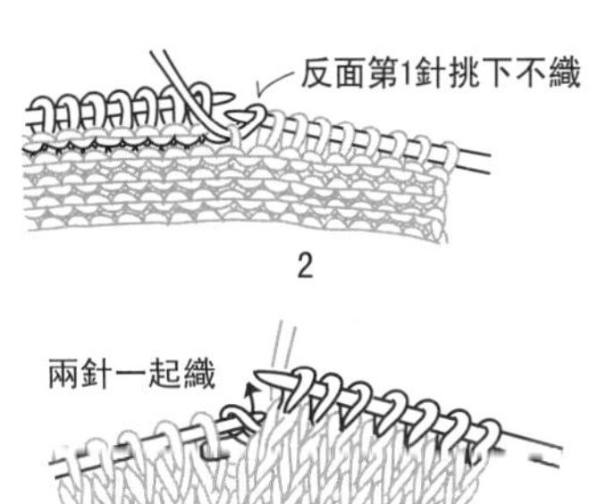

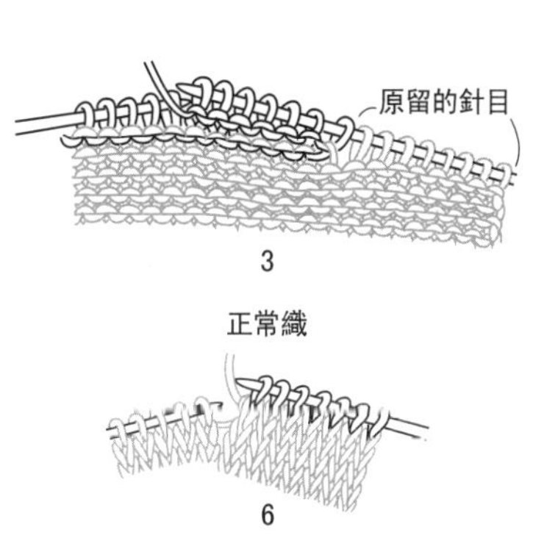

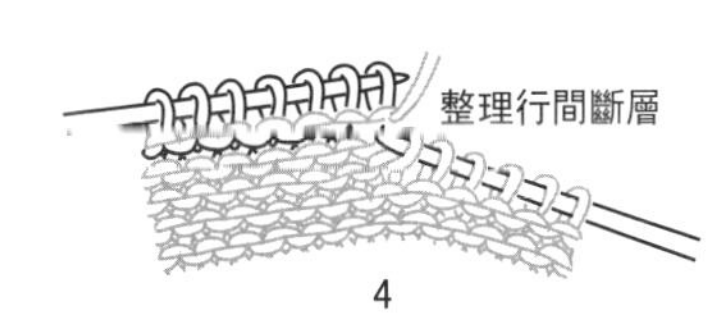

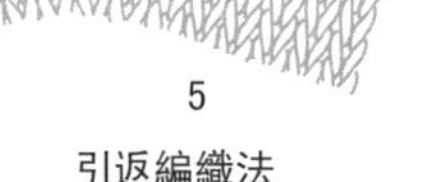

引返編織法

重點提示

縫合領部時，將最上部的10公分縫合跡留在外，領子翻下時才會顯得整齊。

俏麗披肩

材料： 純毛粗線
工具： 6號針
用量： 450克
密度： 20針X24行=10平方公分
尺寸：（公分）以實物爲準

編織說明：

織一個長方形，留出的開口是袖窿口，從此處挑針向下織袖子，在袖口處收針。

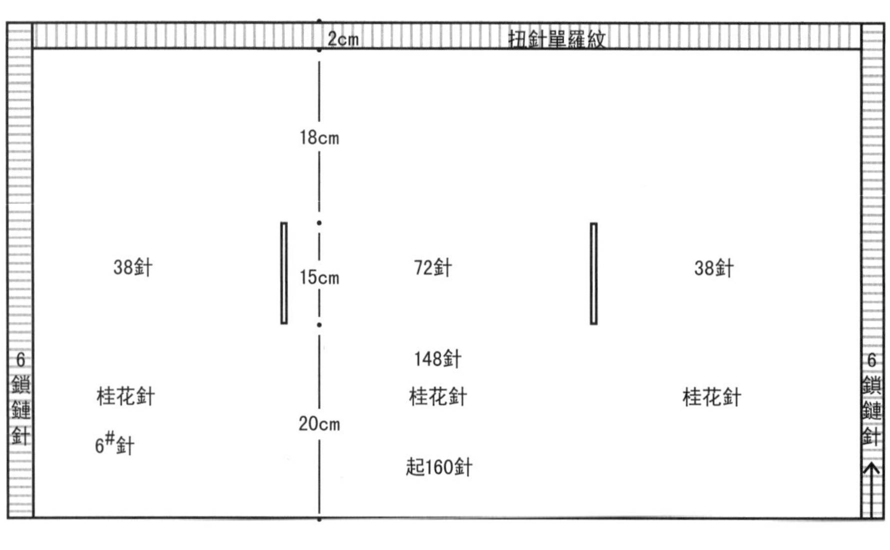

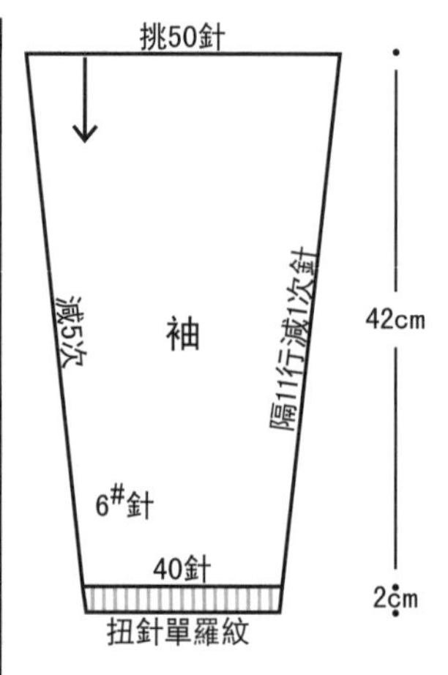

編織步驟:

1. 用6號針起160針往返織，左右各6針織鎖鏈針，中間148針織桂花針。
2. 總長至20公分時，以正中72針為界分三片織15公分後，再合成160針向上直織18公分後，改織2公分扭針單羅紋邊。
3. 從開口處挑50針環形織下針，隔11行減1針，減5次，至42公分時餘40針改織2公分扭針單羅紋，收彈性邊。

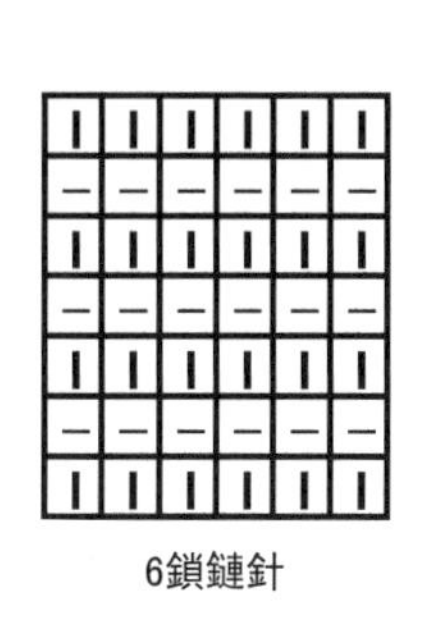

6鎖鏈針

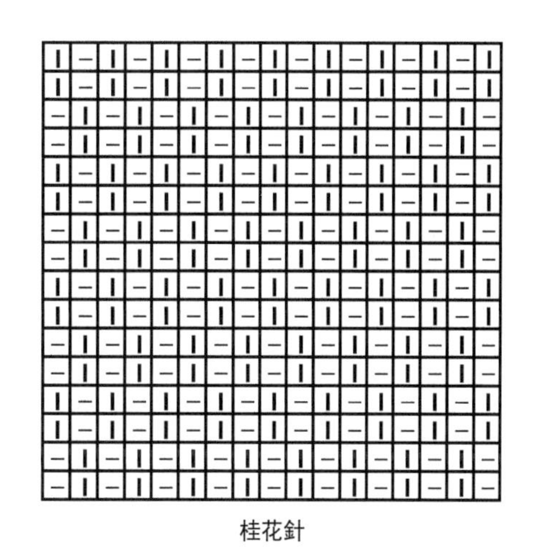

桂花針

扭針單羅紋

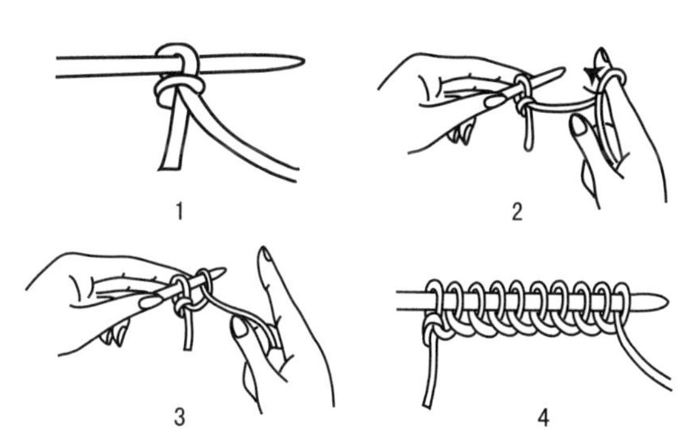

繞線起針法

重點提示

這件披肩沒有上下之分，可以任意顛倒穿著。

平面幾何背心

材料： 純毛粗線
工具： 6號針
用量： 350克
密度： 22針X26行=10平方公分
尺寸：（公分）圍巾長146　寬30

編織說明：

按圖解織一條長圍巾，與後織的長方形片按圖縫合。

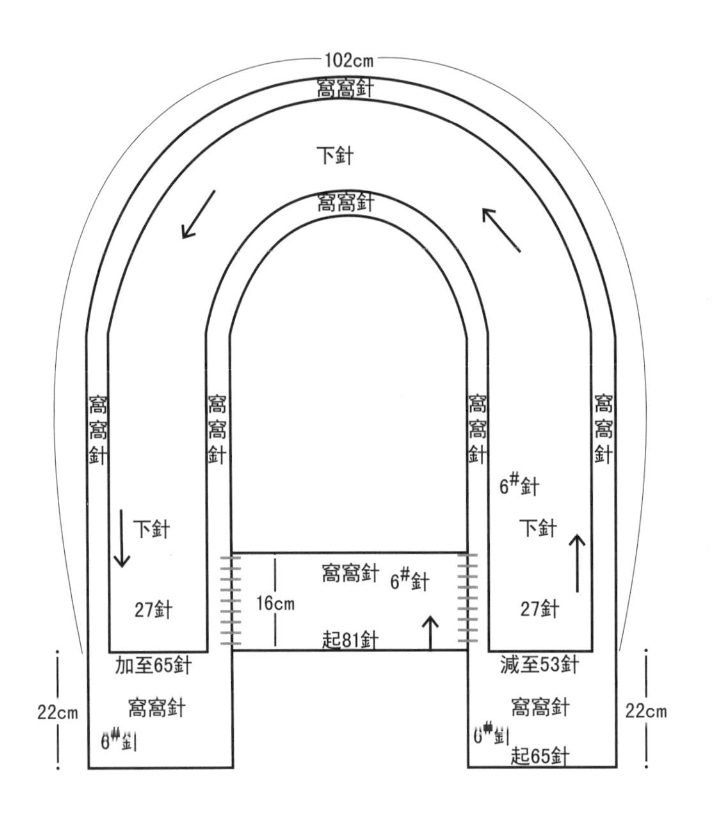

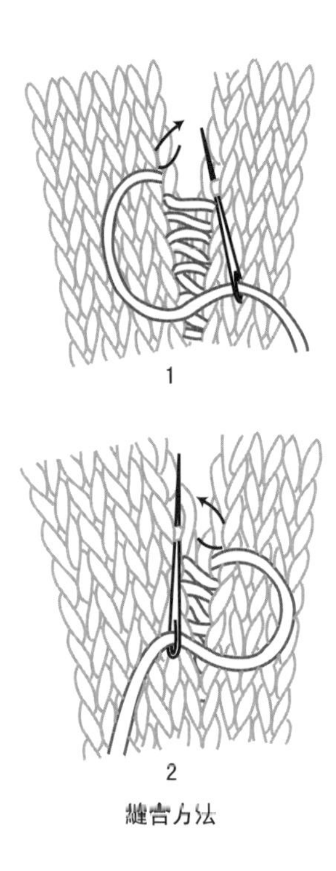

縫合方法

編織步驟:

1. 用6號針起65針往返按排花1織22公分窩窩針後，統一減至53針按排花2織102公分，最後再加至65針按排花1織22公分窩窩針收針形成圍巾。
2. 用6號針另線起81針往返織16公分窩窩針後，緊收平邊。
3. 將後織的長方形片與圍巾按圖暨縫合。

排花1:

2	1	59	1	2
鎖鏈針	上針	窩窩針	上針	鎖鏈針

排花2:

2	1	10	27	10	1	2
鎖鏈針	上針	窩窩針	下針	窩窩針	上針	鎖鏈針

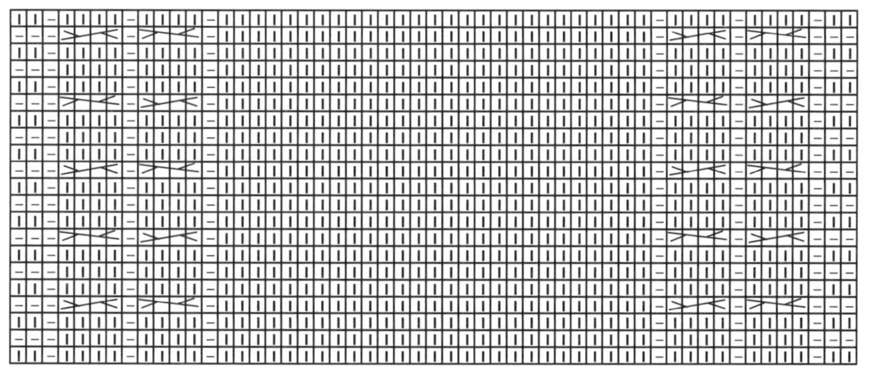

圍巾圖解

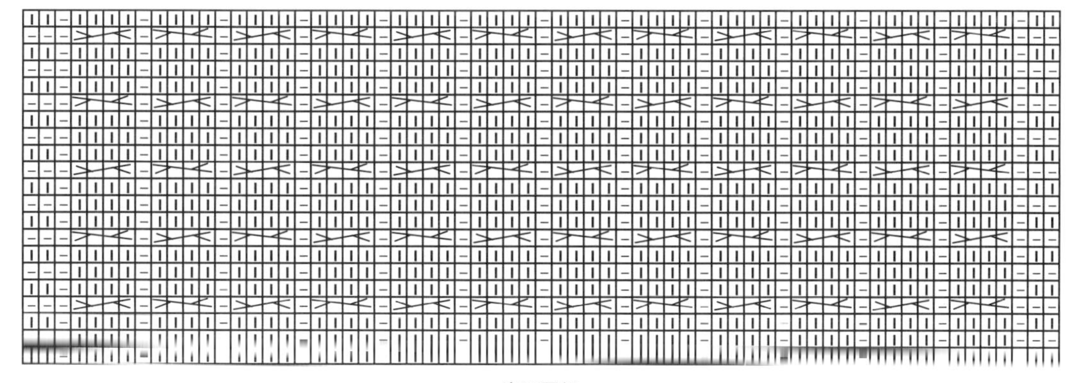

後腰圖解

重點提示

後背的窩窩針在排花時，將左右各留1上針，用於縫合，以免破壞花紋完整。

古典風披肩

材料： 純毛粗線
工具： 6號針　3.0鉤針
用量： 300克
密度： 21針X25行=10平方公分
尺寸： (公分) 以實物為準

編織說明：

按圖解及排花織相應長度，領子和下襬的針法鬆緊不同，即形成自然的披肩。將鉤好的花朵縫合於領口處。

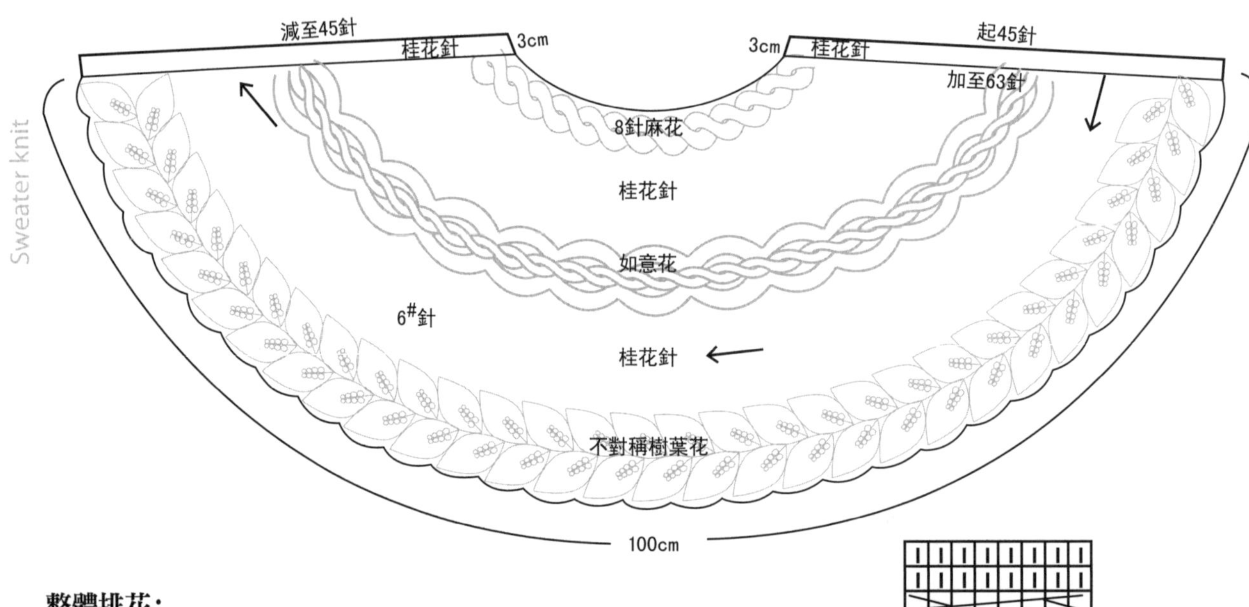

整體排花：

13	1	9	1	20	1	9	1	8
不對稱樹葉花	上針	桂花針	上針	如意花	上針	桂花針	上針	麻花針

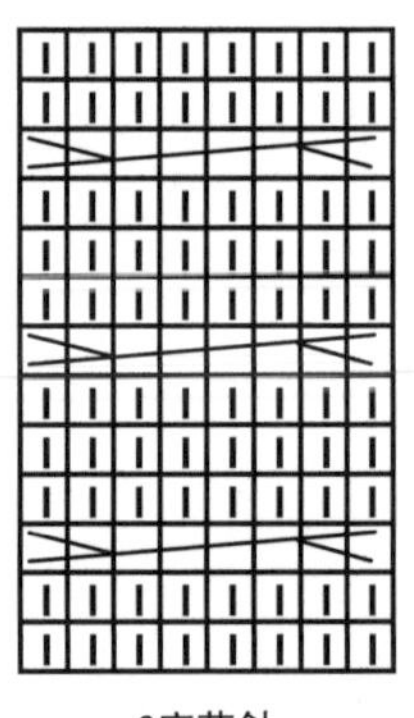
8麻花針

編織步驟:

1. 用6號針起45針往返織3公分桂花針。
2. 一次性加至63針按排花織100公分，餘針一次性減至45針織3公分桂花針後收彈性邊。
3. 鉤織花朵縫合於領子開口處。

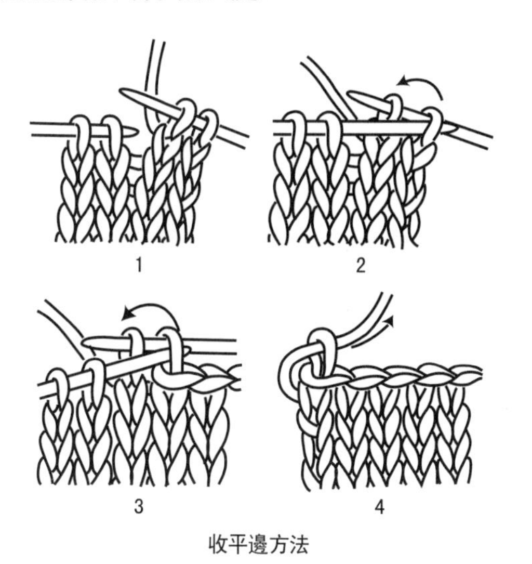

收平邊方法

桂花針

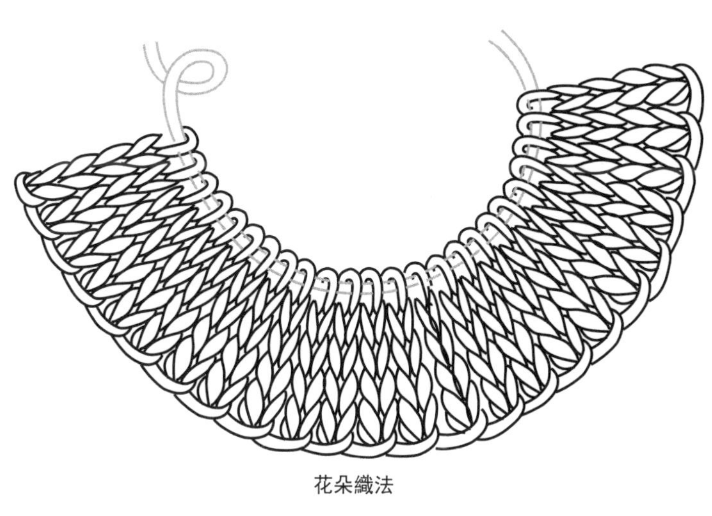

花朵織法

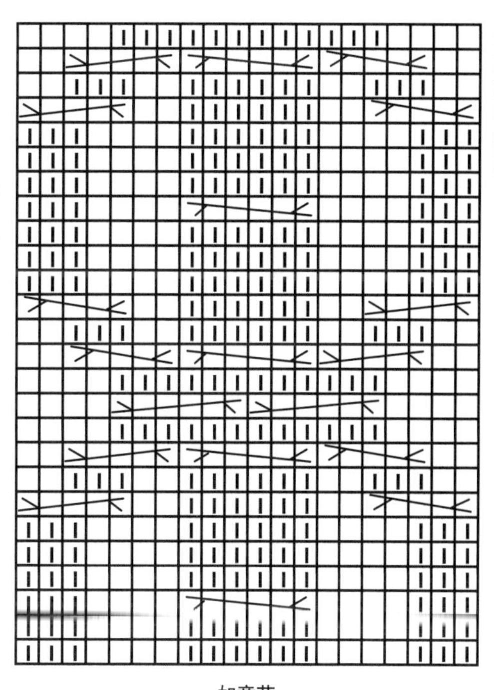

如意花

重點提示

起針和收針處注意花紋對稱。

韓式條紋披肩

材料： 純毛粗線
工具： 直徑0.6公分粗竹針
用量： 450克
密度： 18針X22行=10平方公分
尺寸：（公分）以實物爲準

編織說明：

織一個有開口的長方形片，按相同字母縫合後，從開口挑針織袖子。

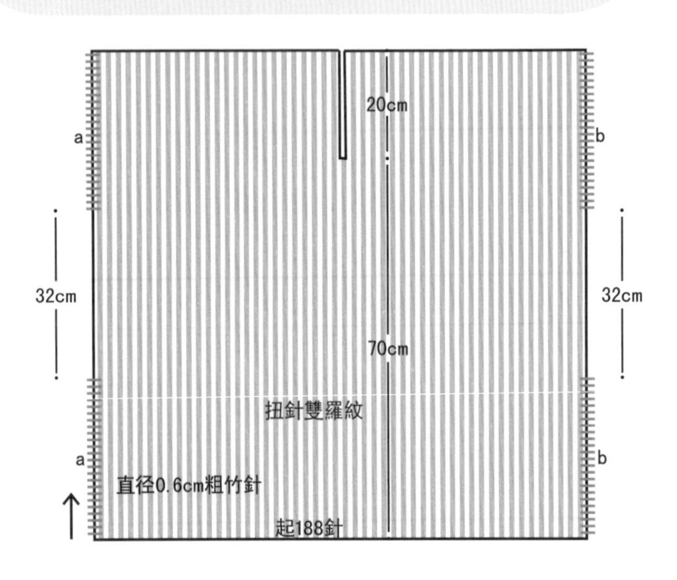

挑出50針
6#針
袖
40cm
扭針雙羅紋

扭針雙羅紋

編織步驟：

1. 用直徑0.6公分粗竹針起188針織扭針雙羅紋，至70公分時從正中分兩片織20公分，總長度至90公分時收針。
2. 按相同字母縫合a-a，b-b，開口32公分長為袖口。
3. 自袖口挑出50針環形織40公分扭針雙羅紋，收彈性邊。

重點提示

縫合時注意從同一行內的針眼裡進針，才能保持縫合痕跡的整齊。

多瑙河披肩

材料： 花式線
工具： 直徑0.6公分竹針
用量： 350克
密度： 17針X20行=10平方公分
尺寸：（公分）披肩長45

編織說明：

從領口起針環形向下織麻花和上針，在扭麻花的同時加針，使披肩慢慢變寬，至下襬後鬆收邊。

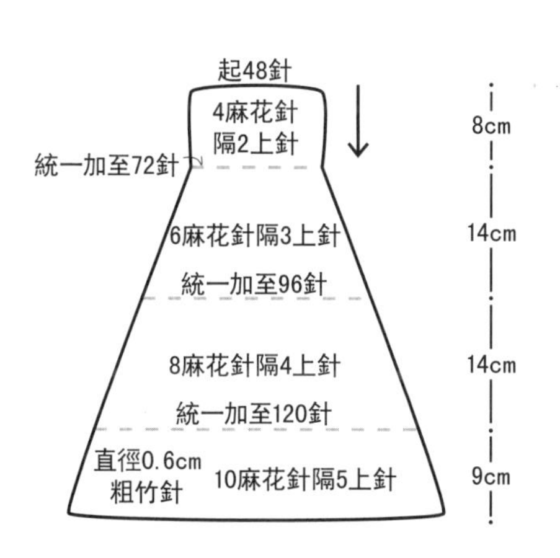

加針方法：

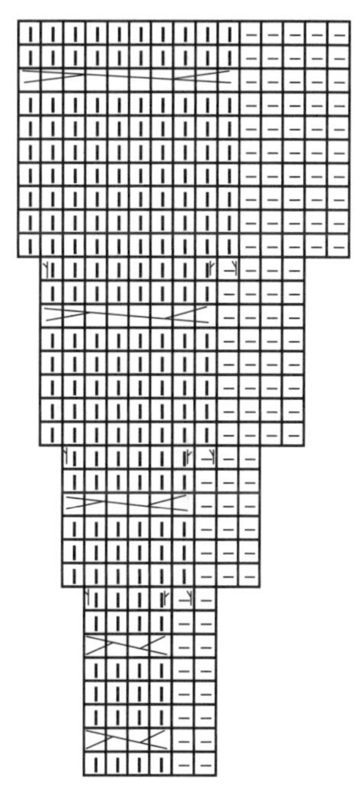

編織步驟：

1. 用直徑0.6公分粗竹針起48針環形織8公分4針麻花隔2上針。
2. 統一加至72針，在每組麻花內加2針，2上針變3上針，改織14公分6針麻花隔3上針。
3. 統一加至96針，在每組麻花內加2針，3上針變4上針，改織14公分8針麻花隔4上針。
4. 統一加至120針，在每組麻花內加2針，4上針變5上針，改織9公分10針麻花隔5上針。最後鬆收平邊，形成披肩。

重點提示

扭麻花時不要過緊，以免影響服裝尺寸，加針時加在麻花內部，才會完整無痕。

恆河披肩

材料： 純毛粗線
工具： 6號針
用量： 600克
密度： 21針X24行=10平方公分
尺寸： (公分) 以實物爲準

編織說明：

織一個長方形，在相應位置平收針後再平加針形成袖窿口，從此處挑針織形成袖子。

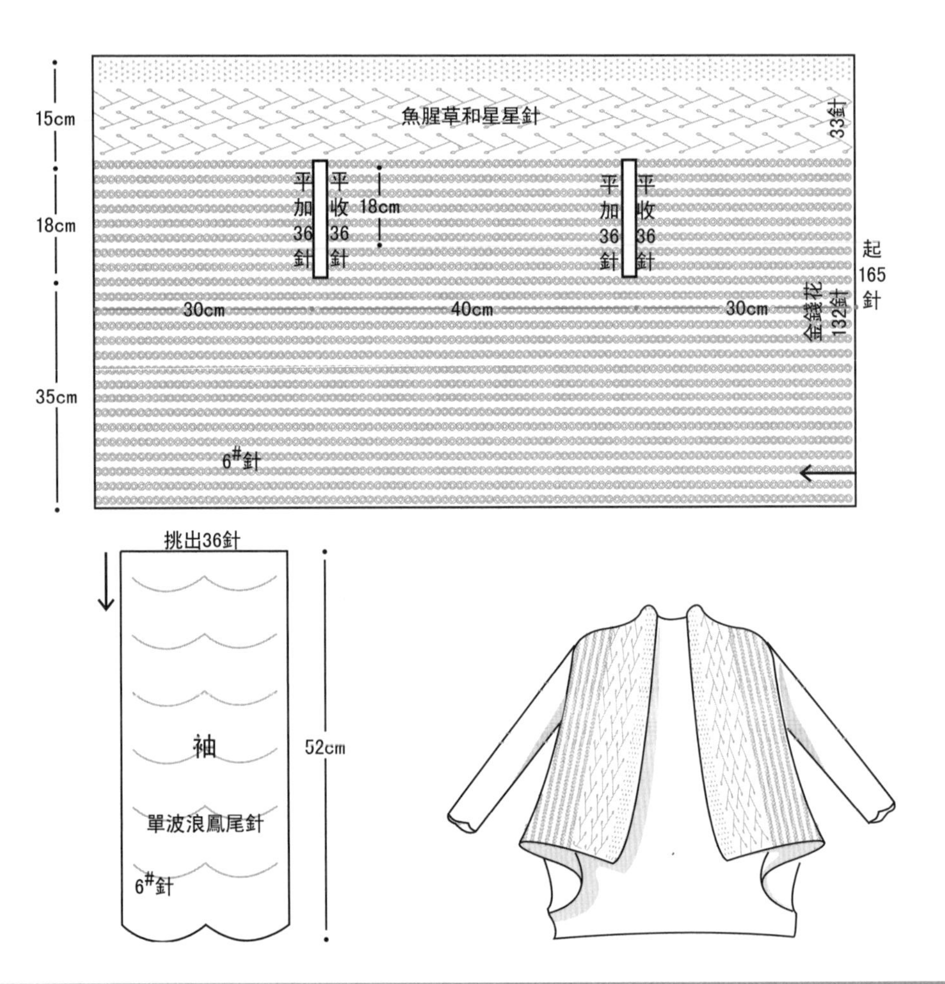

編織步驟:

1. 用6號針起165針按排花織片，30公分後平收36針後第2行再平加36針，形成的開口是袖口。
2. 合成165針後再向上織40公分後第二次留開口，最後合成織30公分後收針。
3. 從開口處挑36針用6號針環形織52公分單波浪鳳尾針，收彈性邊形成袖子。

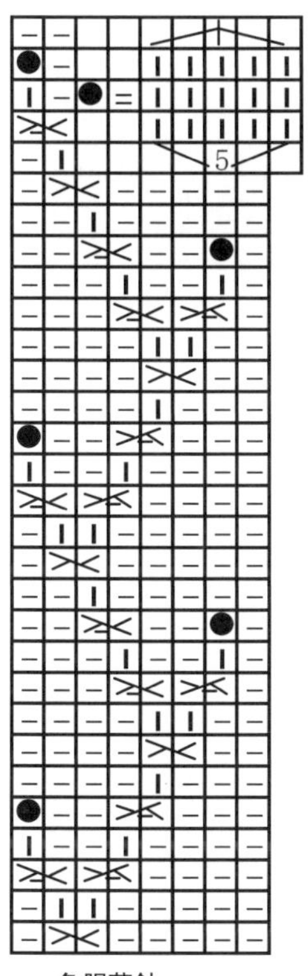

魚腥草針

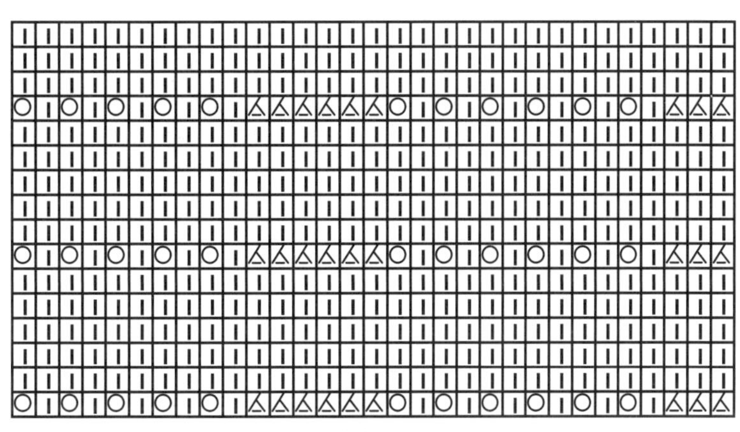

單波浪鳳尾針

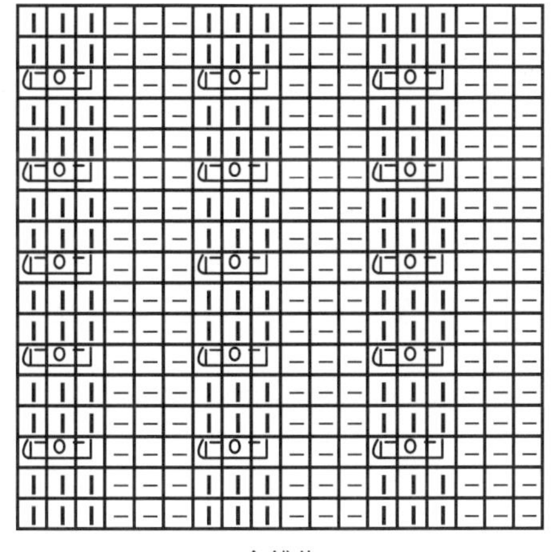

金錢花

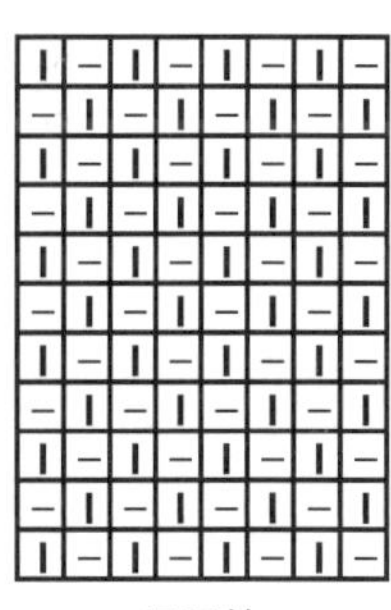

星星針

整體排花:

132	1	23	1	8
金錢花	上針	魚腥草	上針	星星針

重點提示

從開口處挑針時，上下位置要多挑針，可防止出現孔洞。

凹形披肩

材料： 純毛粗線
工具： 6號針
用量： 350克
密度： 22針X24行=10平方公分
尺寸： (公分) 以實物爲準

編織說明：

按圖織一個「凹」形片，縫好扣子後組合成背心。

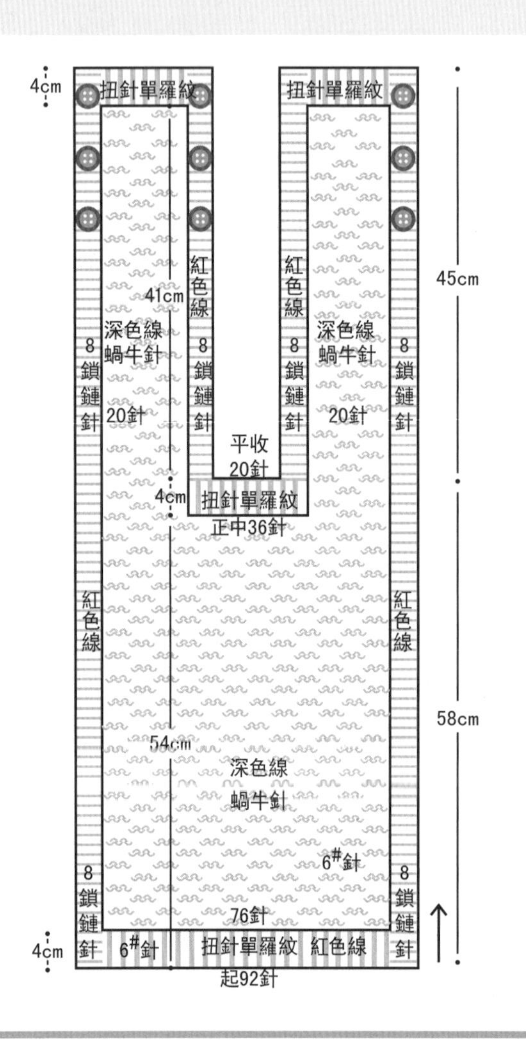

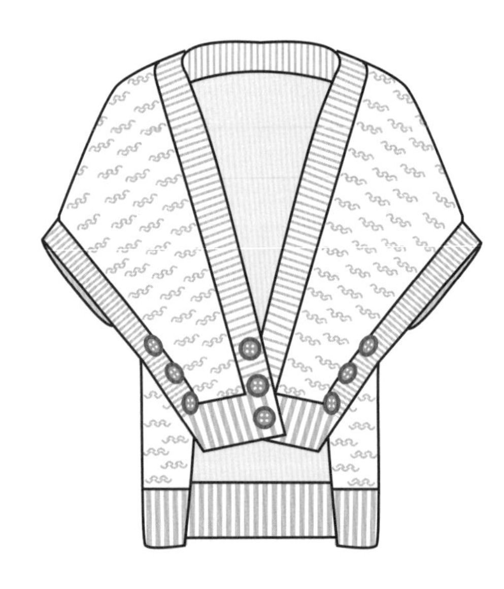

編織步驟:

1. 用紅色線6號針起92針織4公分扭針單羅紋，左右的各8針織鎖鏈針。
2. 左右鎖鏈針紅色線，中間的76針蝸牛針用深色線。至54公分時，取正中的36針改織4公分扭針單羅紋，並取正中的20針平收，左右各8針織鎖鏈針，中間20下針，兩片織41公分後，用紅色線改織4公分扭針單羅紋，鎖鏈針不變。
3. 在相應位置縫好扣子。

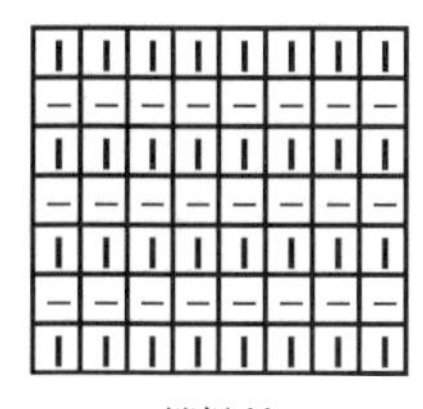

鎖鏈針

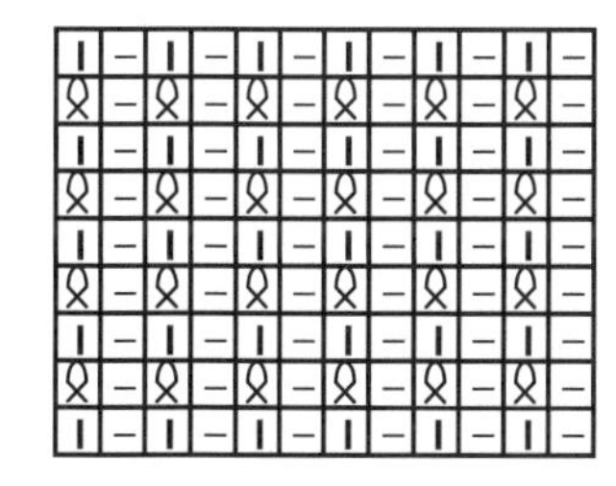

扭針單羅紋

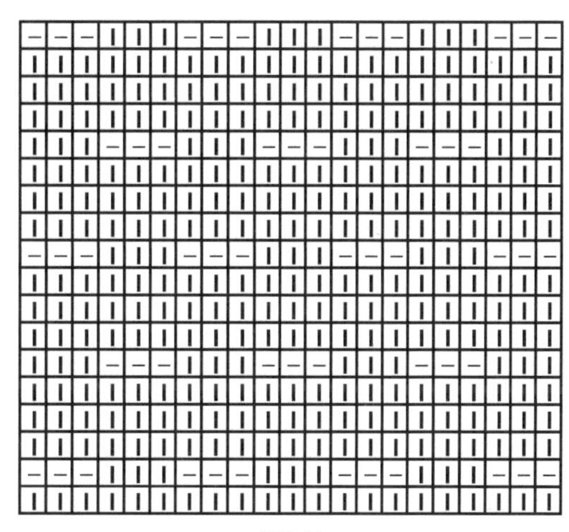

蝸牛針

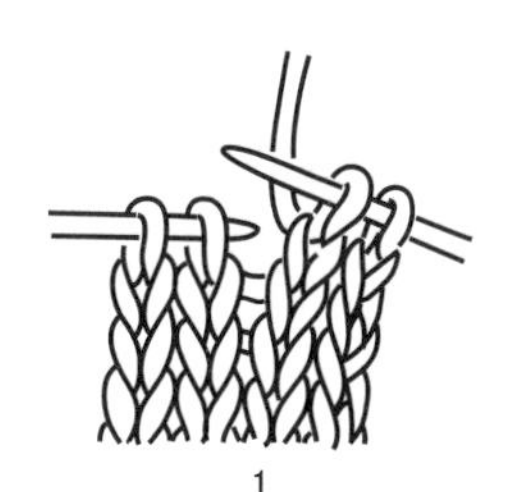

1

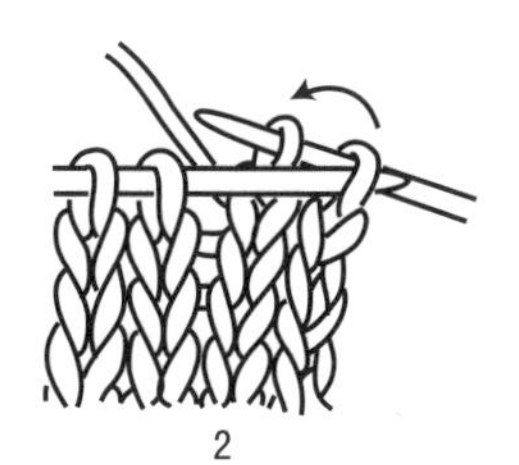

2

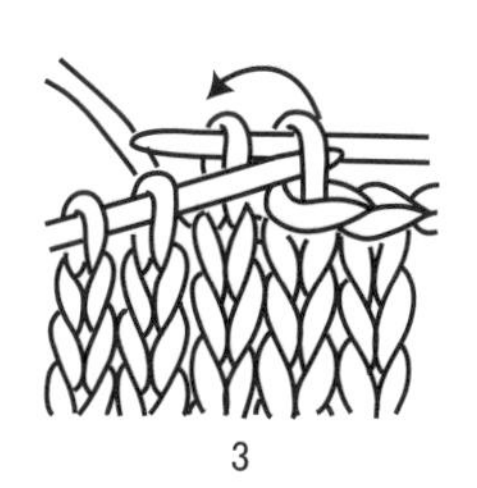

3

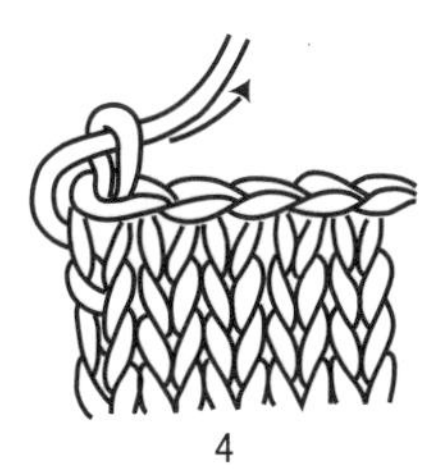

4

收平邊方法

重點提示

配線織時手勁不要過緊，否則織物不夠平展。

小斗蓬披肩

材料： 純毛粗線
工具： 6號針
用量： 450克
密度： 19針X24行=10平方公分
尺寸： (公分) 以實物爲準

編織說明：

從下向上織大片，到開口時先分片織再合針即形成開口，兩側按規律減針，減領口與兩肩減針同時進行。最後織領子。

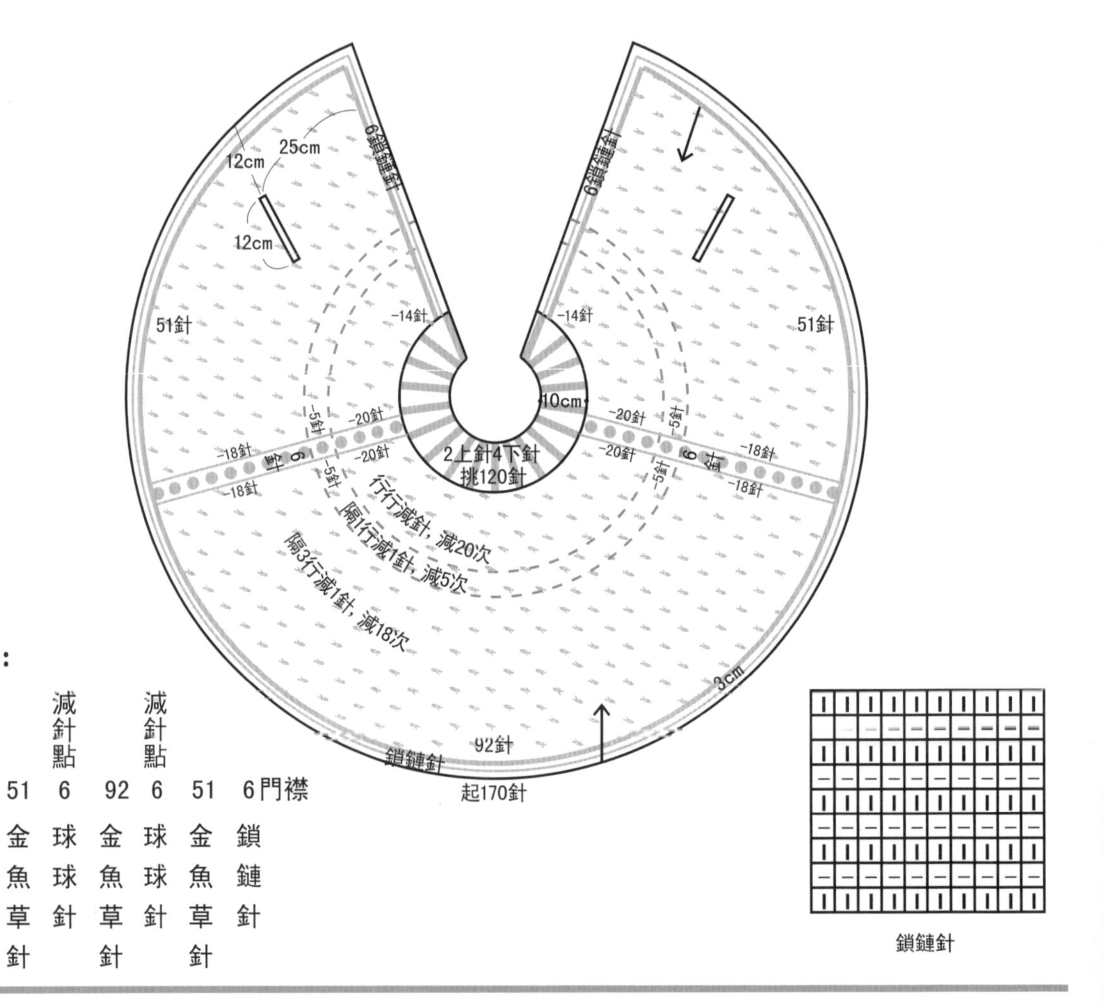

整體排花：

		減針點		減針點		
門襟6	51	6	92	6	51	6門襟
鎖鏈針	金魚草針	球球針	金魚草針	球球針	金魚草針	鎖鏈針

編織步驟:

1. 用6號針起170針往返織3公分鎖鏈針。
2. 保留左右的6針鎖鏈針門襟，中間的158針處加至206針織金魚草針和球球針，在左右外肩處取3下針做減針點，隔3行減1次針共減18次。
3. 總長至12公分後，正面距門襟25公分處分片往返織12公分後合針，形成兩個開口。
4. 總長至36公分後兩側隔1行減1針減5次。然後改為每行減針共減20次形成肩頭。在行行減針的同時減領口，分別在左右隔1行減1次針減14次。
5. 從領口處挑120針織2上4下針，10公分後收平邊。
6. 另線起11針往返織單羅紋，至70公分後與領口縫合形成繫帶。

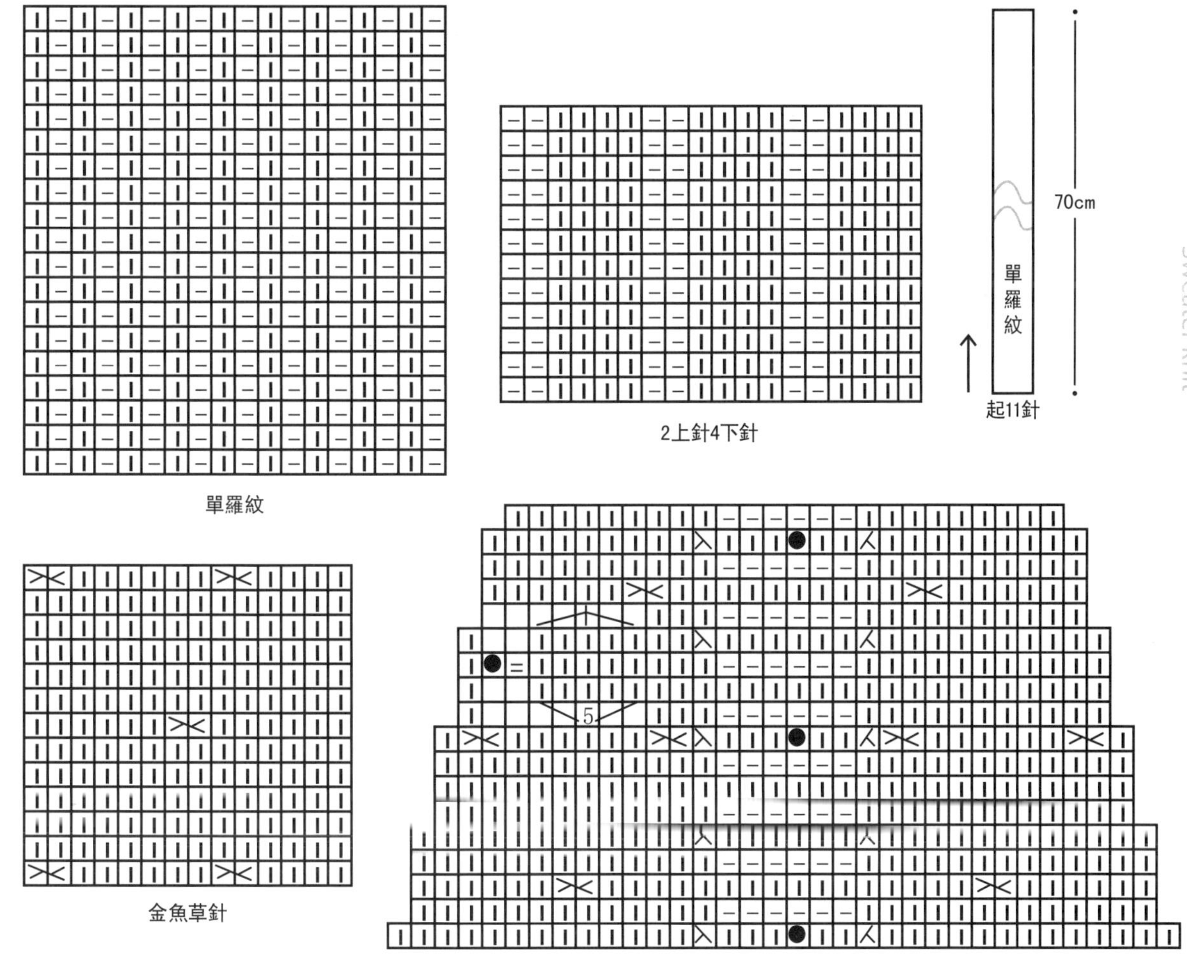

單羅紋

2上針4下針

金魚草針

減針方法

重點提示

鎖鏈針、星星針、桂花針作爲底邊時，應考慮到整體密度一致，所以針目略少於主花紋。

時尚披肩

材料： 純毛粗線
工具： 6號針
用量： 550g
密度： 20針X24行=10平方公分
尺寸： (公分) 以實物爲準

編織說明：

織一條長圍巾，在起針處向上30公分位置對針縫合，挑針後織下針，在圍巾的後脖處橫縫。袖子織好後，縫合於圍巾的開口處。

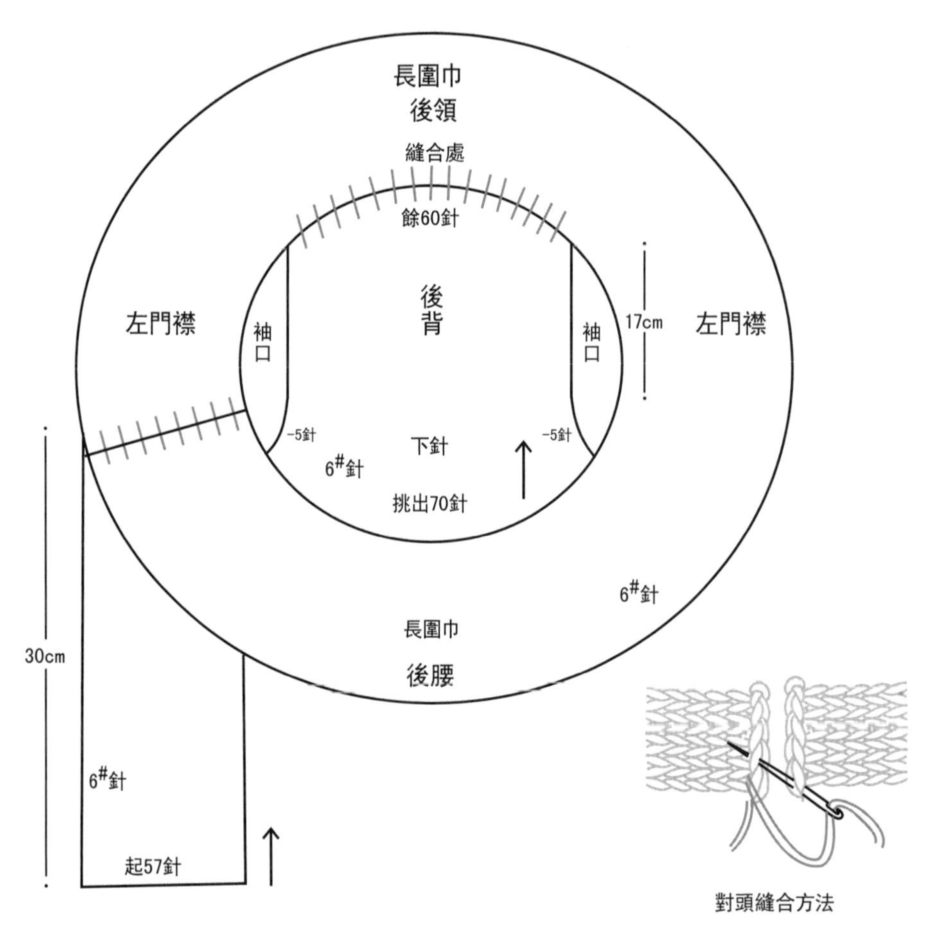

編織步驟:

1. 用6號針起57針按排花織165公分長的圍巾，6針麻花第10行扭針。
2. 留30公分，對針縫合圍巾。
3. 從圍巾的後腰部位挑出70針織下針片，並在兩側隔1行減1針減5次，餘60針向上直織17公分，與圍巾形成的後脖部位縫合。
4. 用6號針從袖口處起36針環形織13公分扭針雙羅紋，改織下針後，隔13行加1次針共加4次，袖長至45公分時減袖山：a平收正中8針，b隔1行減1針減13次，餘針平收，與圍巾形成的開口部位縫合。

圍巾排花:

3	2	6	2	2	2	6	2	2	2	6	2	2	2	6	2	3
下針	上針	麻花針	上針	下針	上針	麻花針	上針	下針	上針	麻花針	上針	下針	上針	麻花針	上針	下針

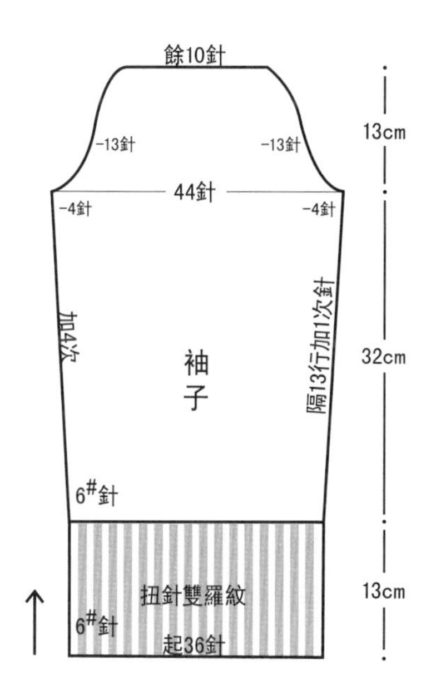

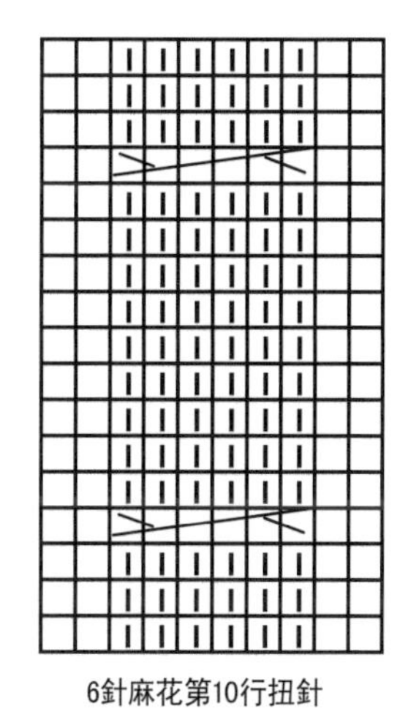
6針麻花第10行扭針

扭針雙羅紋

重點提示

在縫合圍巾前，要反覆按圖片圍在身上比對，找出合適位置後再縫合。

梅林披肩

材料： 純毛粗線
工具： 6號針
用量： 300克
密度： 21針X25行=10平方公分
尺寸： (公分) 以實物爲準

編織說明：

按圖織一個倒「凸」形，起針處為領子，多出的部分對摺後形成袖子。分別從兩袖開口環形挑針織袖口。

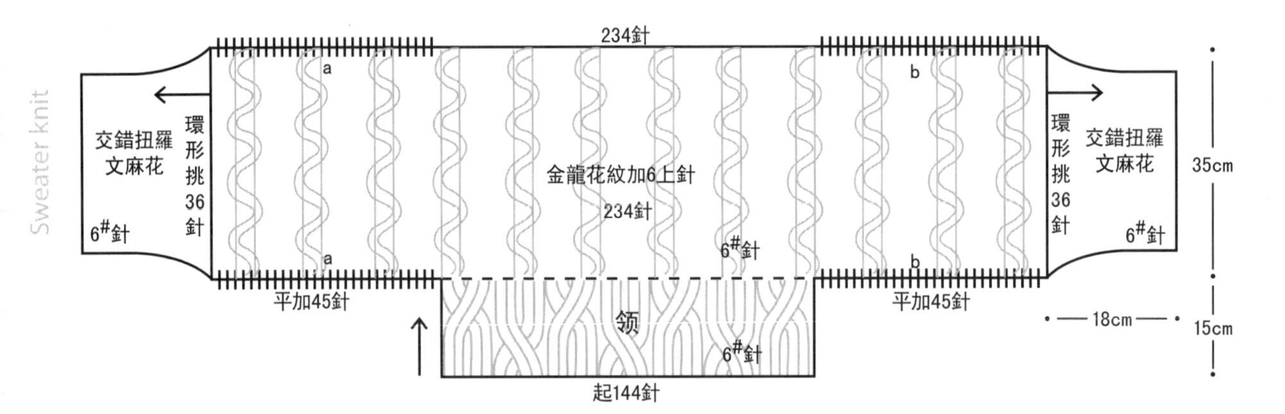

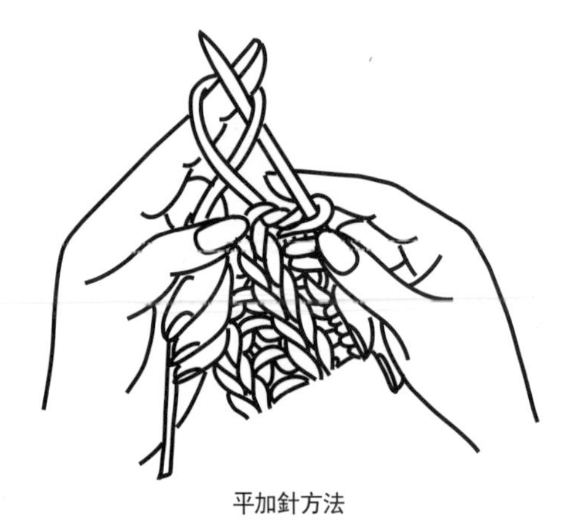

平加針方法

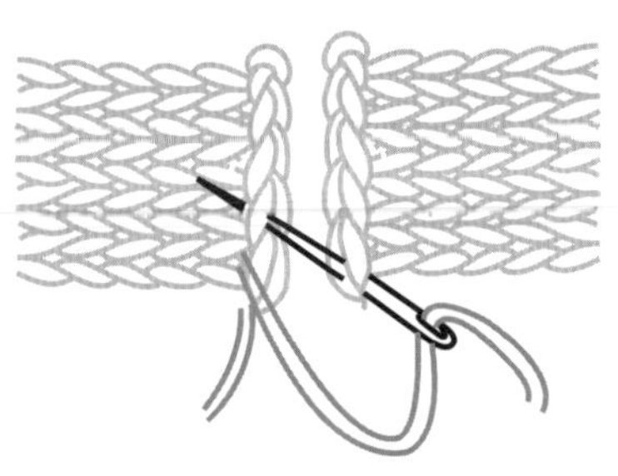

對頭縫合方法

編織步驟:

1. 從領部起144針用6號針往返織15公分交錯扭羅文麻花，織片。
2. 在交錯扭羅文麻花片的左右各平加45針合成234針鬆織35公分金龍花紋加6上針。
3. 按圖縫合a-a，b-b後形成兩袖，從開口處環形挑36針織18公分交錯扭羅文麻花，收彈性邊。

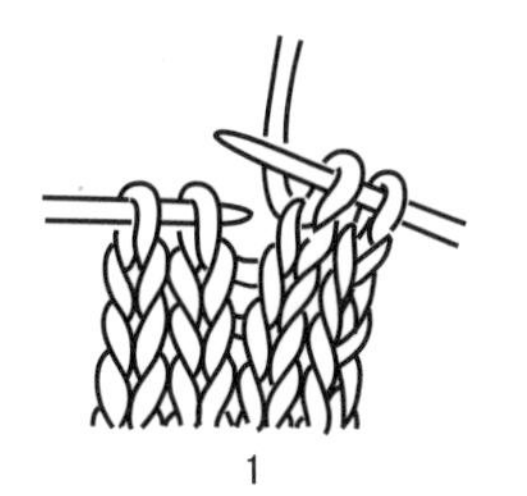
1

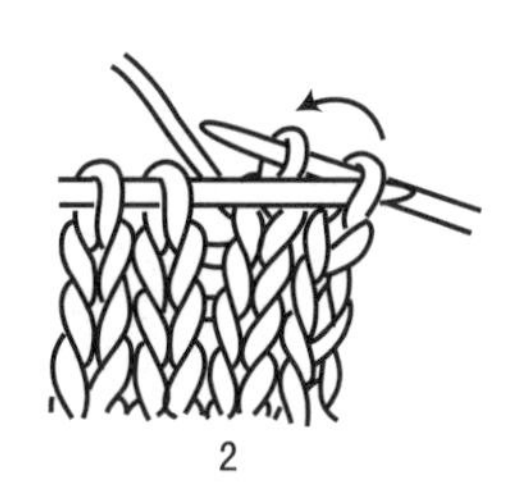
2

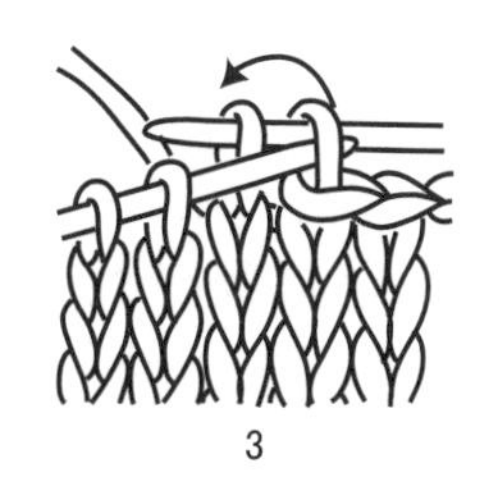
3

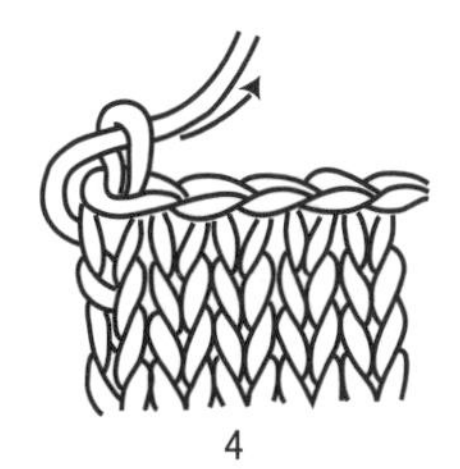
4

收平邊方法

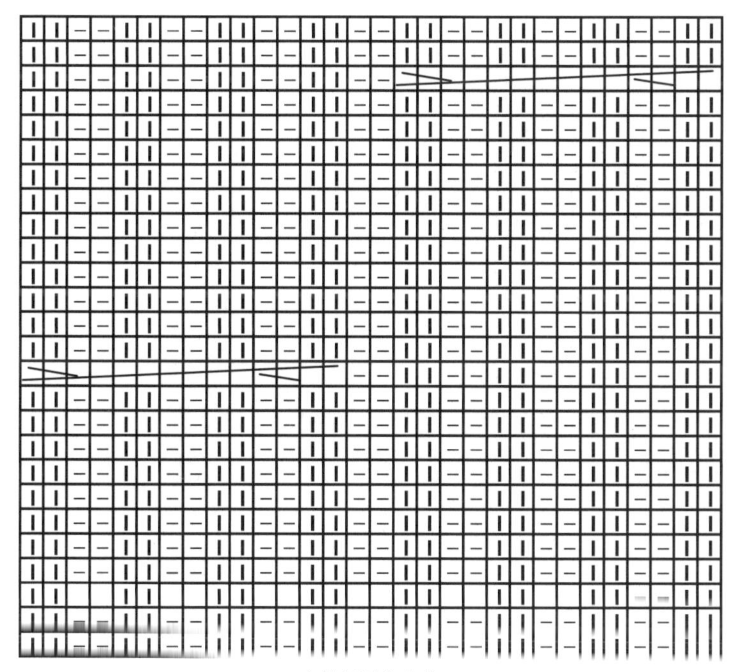

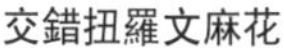
交錯扭羅文麻花

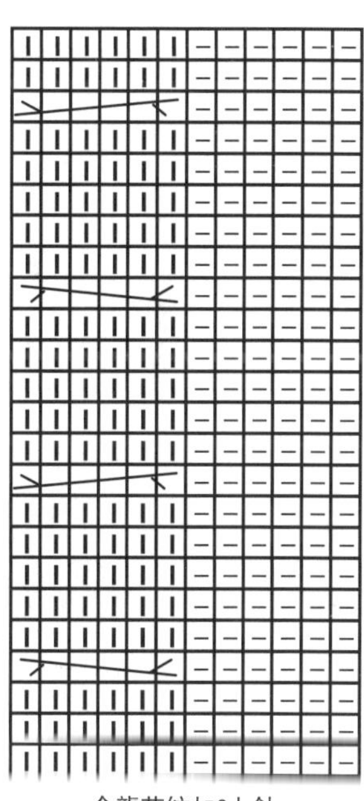
金龍花紋加6上針

重點提示

最後環形挑織袖口時，注意收針不要過緊。

秀場披肩

材料： 純毛粗線
工具： 直徑0.6公分粗竹針
用量： 650克
密度： 19針X24行=10平方公分
尺寸： (公分) 以實物爲準

編織說明：

織一個長方形大片，在相應位置平收針後再平加針，形成兩個開口為袖口，從此處挑織袖邊。

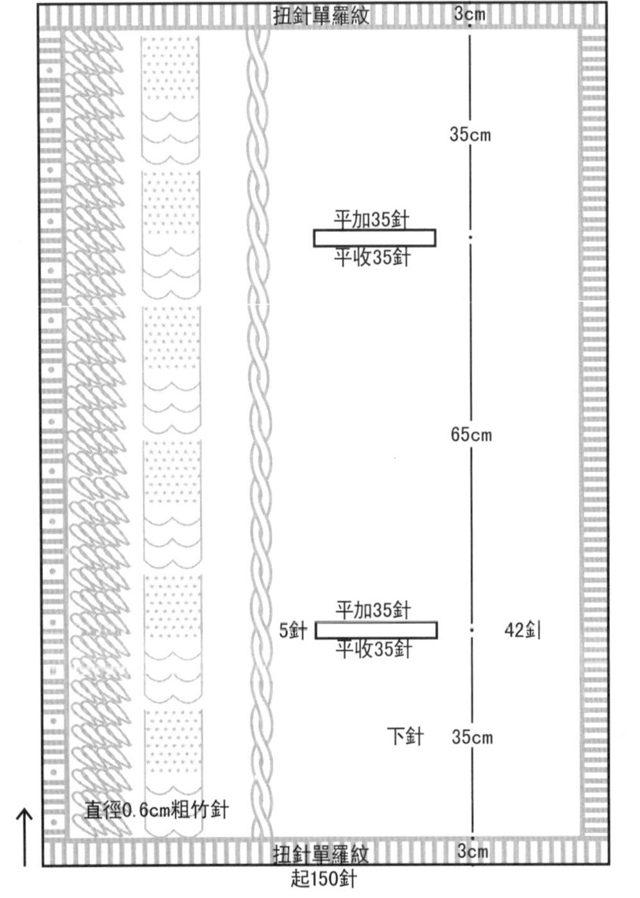

整體排花：

9	15	5	13	3	7	3	6	82	7
鎖鏈球球針	綿羊圈圈針	上針	星星方鳳尾	上針	下針	上針	麻花針	下針	鎖鏈針

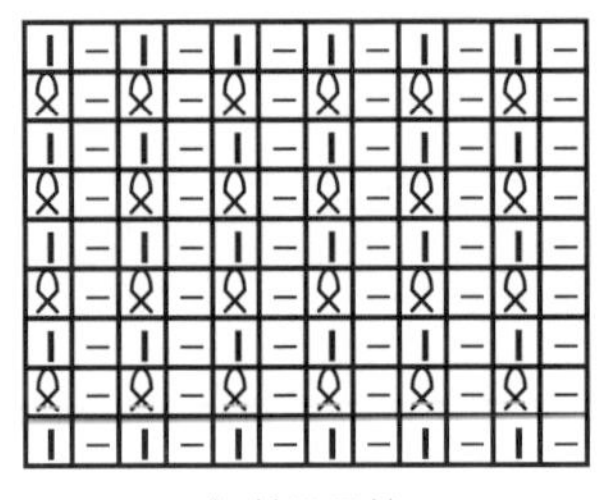

扭針單羅紋

編織步驟:

1. 用直徑0.6公分粗竹針起150針織3公分扭針單羅紋。
2. 按排花織35公分後，右留42針，中間35針平收，第2行時再平加出35針，形成的開口為袖口。
3. 合片後再按花紋織65公分，重複原方法織第二個開口，合片後再按花紋織35公分，改織3公分扭針單羅紋，收彈性邊。
4. 在袖洞口挑出70針環形織7公分綿羊圈圈針後收平邊。

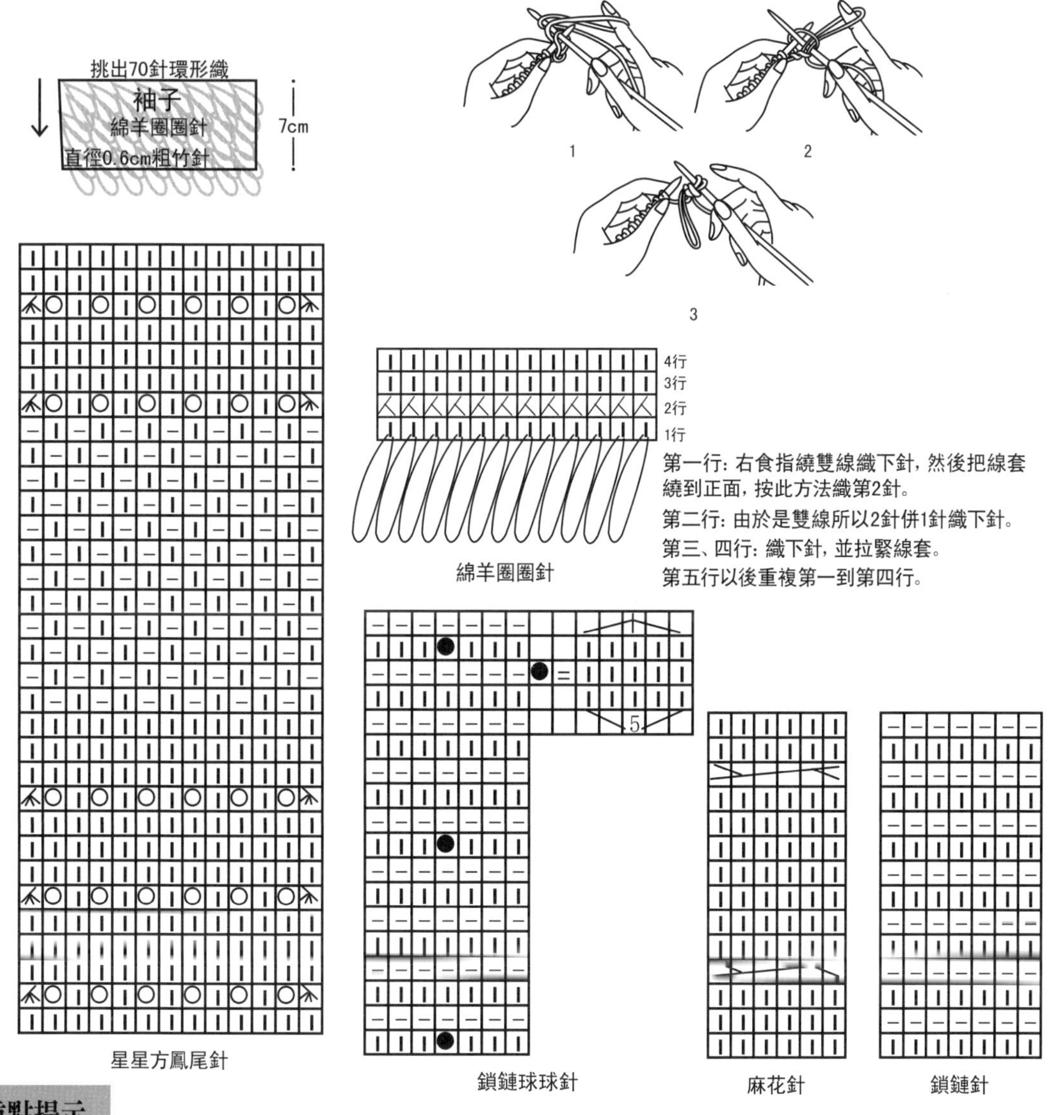

第一行：右食指繞雙線織下針，然後把線套繞到正面，按此方法織第2針。
第二行：由於是雙線所以2針併1針織下針。
第三、四行：織下針，並拉緊線套。
第五行以後重複第一到第四行。

綿羊圈圈針

星星方鳳尾針

鎖鏈球球針

麻花針

鎖鏈針

重點提示

披肩可選用粗針與粗線編織，效果柔軟又飄逸。

紅塔披肩

材料： 純毛粗線
工具： 6號針
用量： 450克
密度： 20針X24行=10平方公分
尺寸： (公分) 披肩長42

編織說明：

從披肩下襬起針後按圖解減針形成披肩效果，餘針改織鎖鏈針後平收。

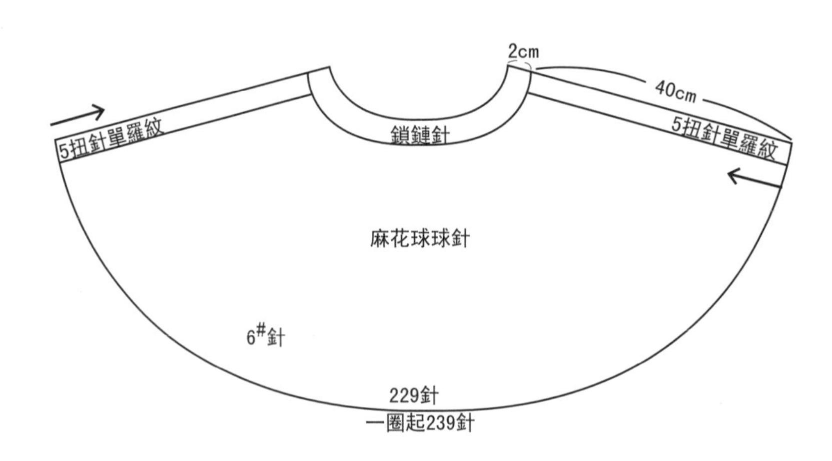

整體排花：

5	5	21	5	2	5	21	5	……	5	21	5	2	5	21	5	5
鎖鏈針	上針	麻花球球針	上針	下針	上針	麻花球球針	上針	……	上針	麻花球球針	上針	下針	上針	麻花球球針	上針	鎖鏈針

編織步驟:

1. 用6號針起239針，左右各5針扭針單羅紋，中間229針為主花。
2. 按排花往返織，並按圖解減針，總長至40公分後，餘針改織鎖鏈針，收平邊。

鎖鏈針

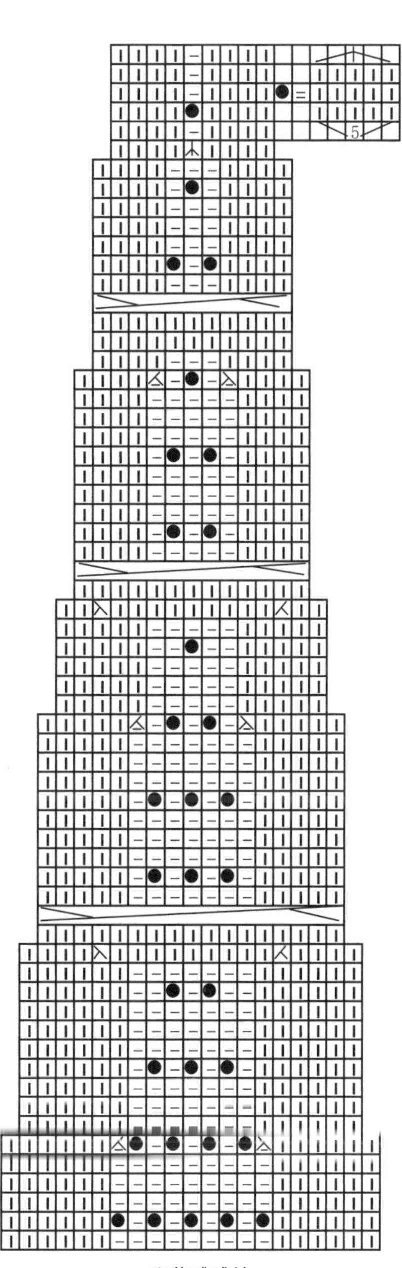

麻花球球針

重點提示

披肩從花紋內部減針，不影響整體效果。

方格披肩

材料：純毛粗線
工具：6號針
用量：525克
密度：20針X24行=10平方公分
尺寸：(公分) 披肩長42

編織說明：

按排花織一條有兩個開口的大寬圍巾，從開口處環挑針織短袖。

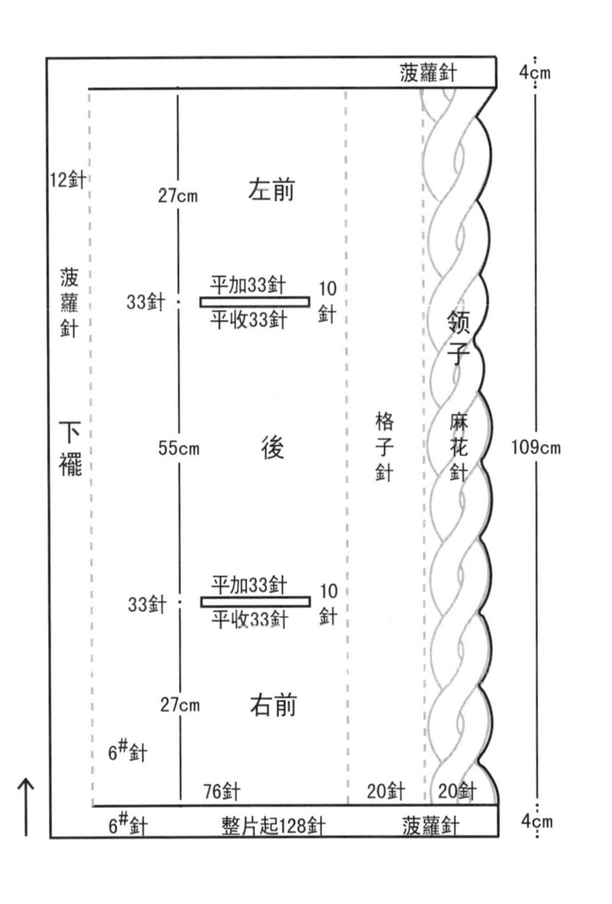

短袖：

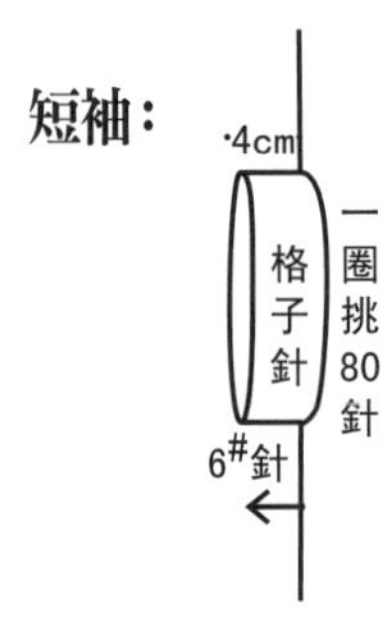

整體排花：

12	76	20	20
菠蘿針	下針	格子針	麻花針

編織步驟:

1. 用6號針起128針織4公分菠蘿針後，按排花織27公分。
2. 從76下針中間取33針平收，第二行時再平加出33針，合成128針繼續向上織55公分後重複剛才的平收針和平加針動作，形成第二個開口，總數合成128針再向上織27公分，改織4公分菠蘿針收彈性邊。
3. 分別從兩個開口處環形挑出80針織4公分格子針後收彈性邊，形成短袖。

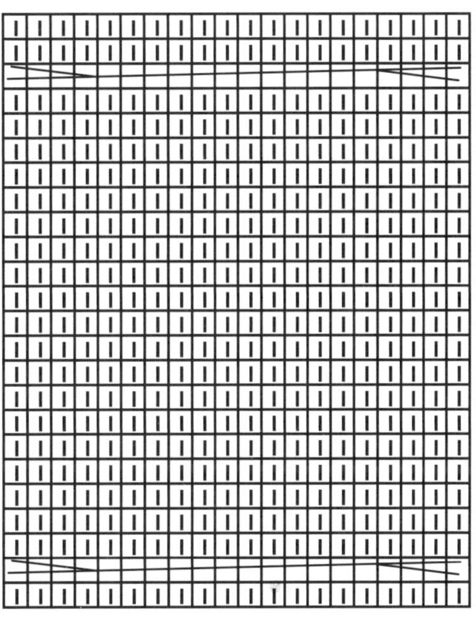

20麻花針

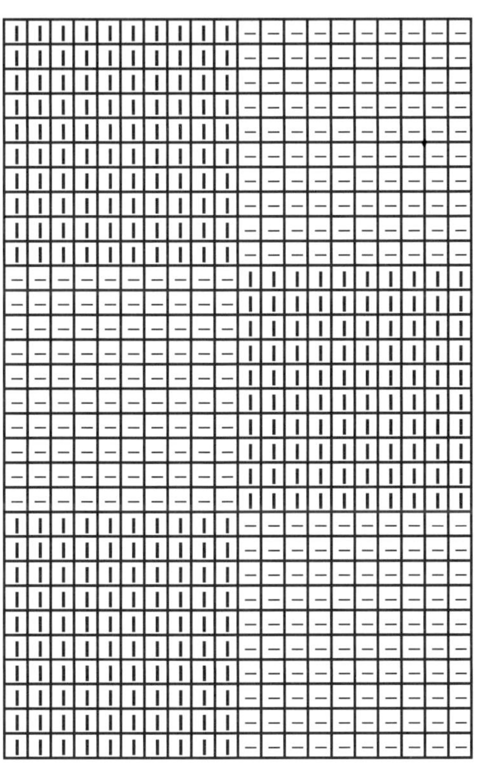

格子針

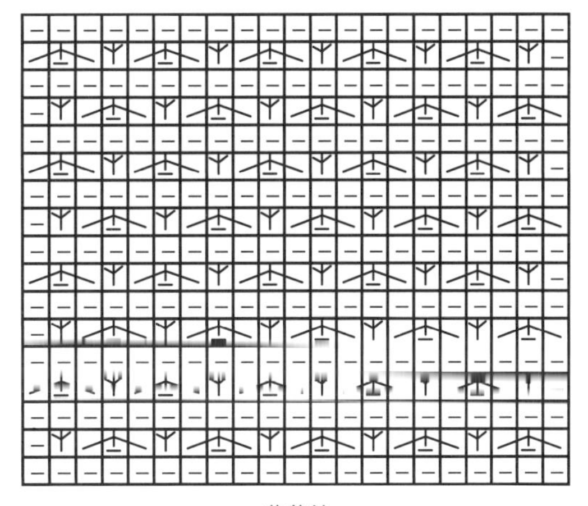

菠蘿針

重點提示

把麻花針安排在邊緣可以出現自然的波浪邊效果。

禮服披肩

材料：純毛粗線
工具：6號針
用量：250克
密度：22針X24行=10平方公分
尺寸：(公分) 披肩長47

編織說明：

織一條寬圍巾，從正中位置挑針織相同花紋後，相應位置縫好扣子。

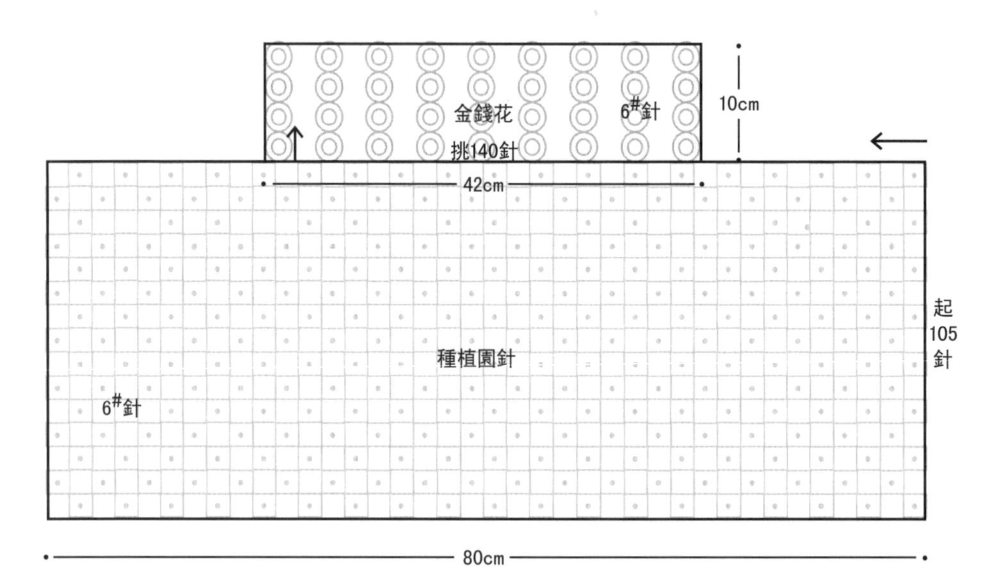

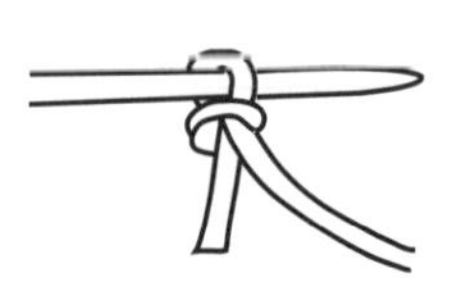
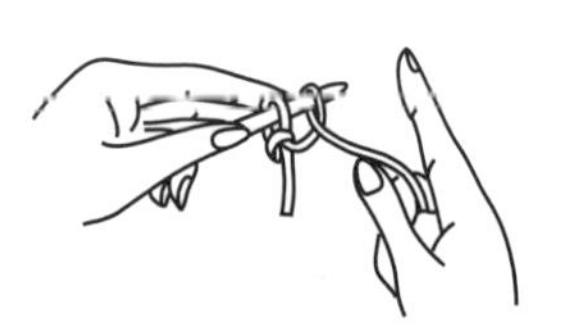

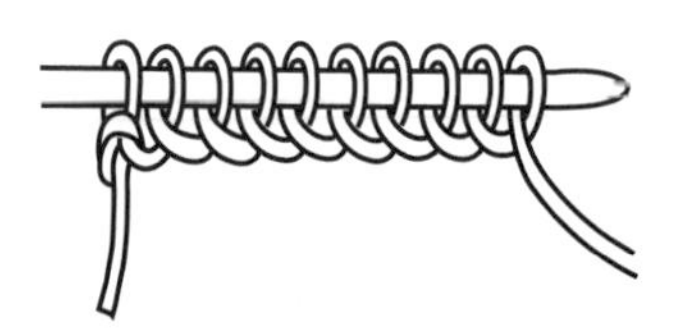

繞線起針方法

編織步驟:

1. 用6號針起105針鬆織80公分種植園針。
2. 在正中42公分位置挑140針用6號針織10公分金錢花做領子。
3. 在相應位置縫好扣子，不必織扣眼，直接扣入自然的編織紋理。

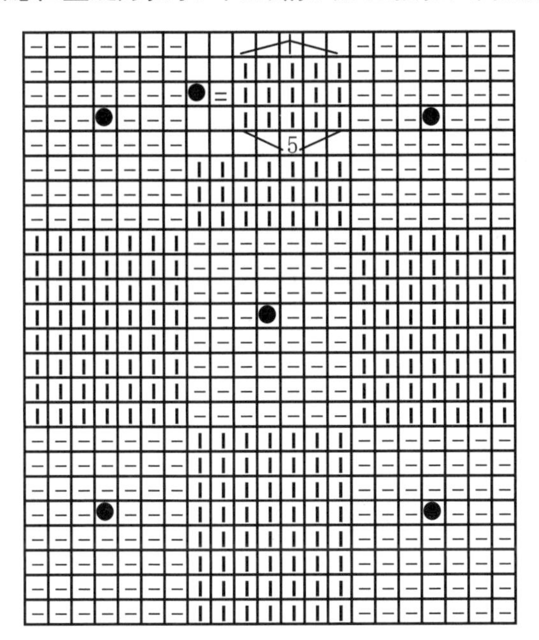
種植園針

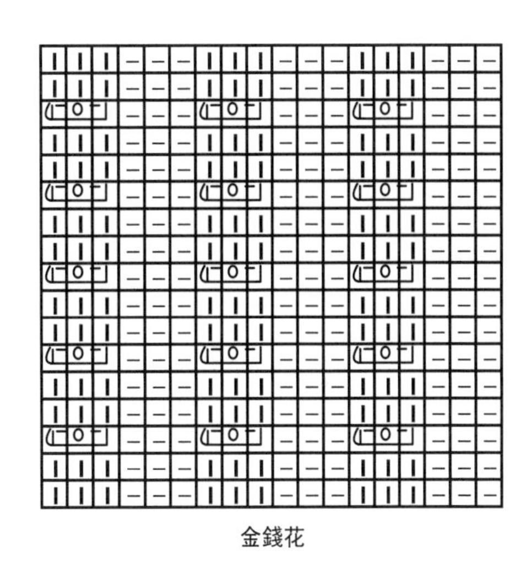
金錢花

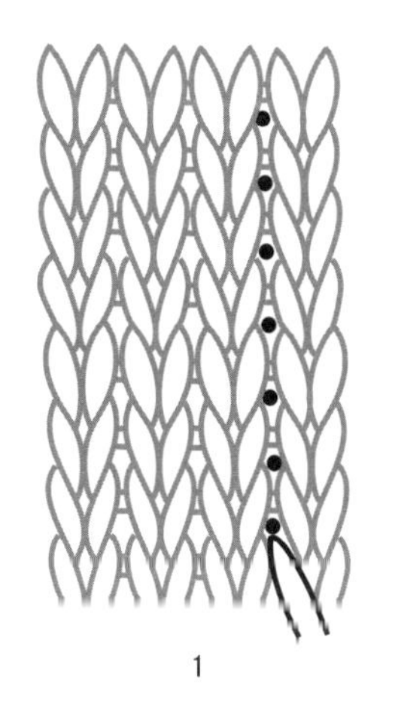
1

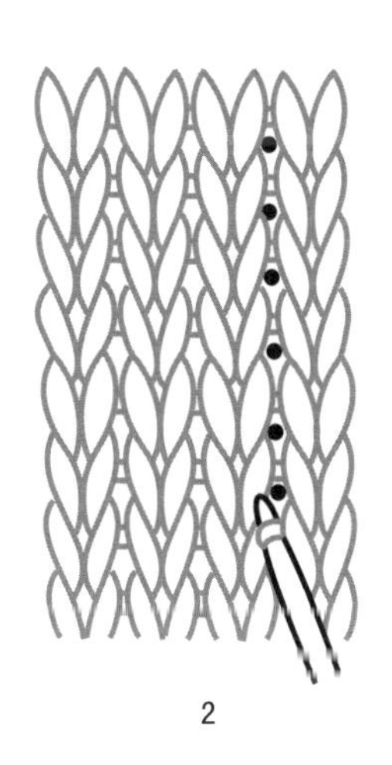
2

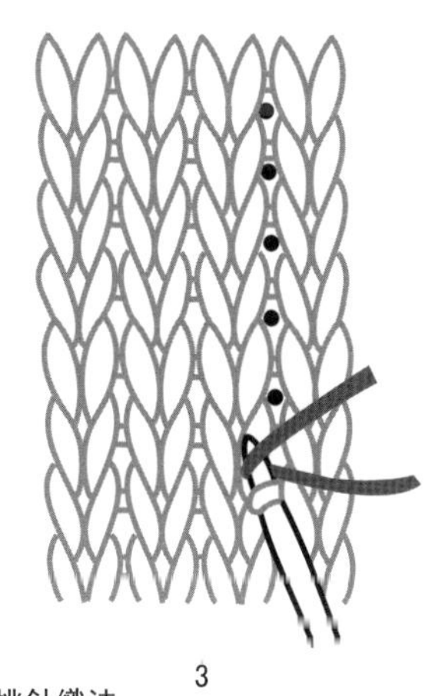
3

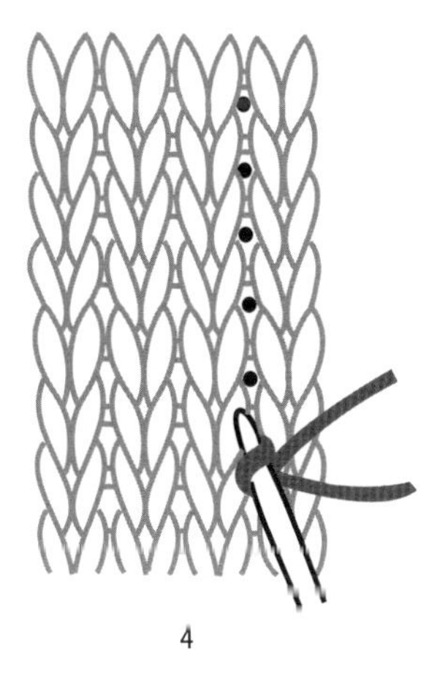
4

挑針織法

重點提示

領子從反面挑針，完成後翻下領子，剛好花紋在外。

細袖披肩

材料： 純毛粗線
工具： 6號針
用量： 550克
密度： 20針X24行=10平方公分
尺寸： (公分) 以實物為準

編織說明：

織一個長方形，按圖縫合各處，圓口處挑針環形織袖子。

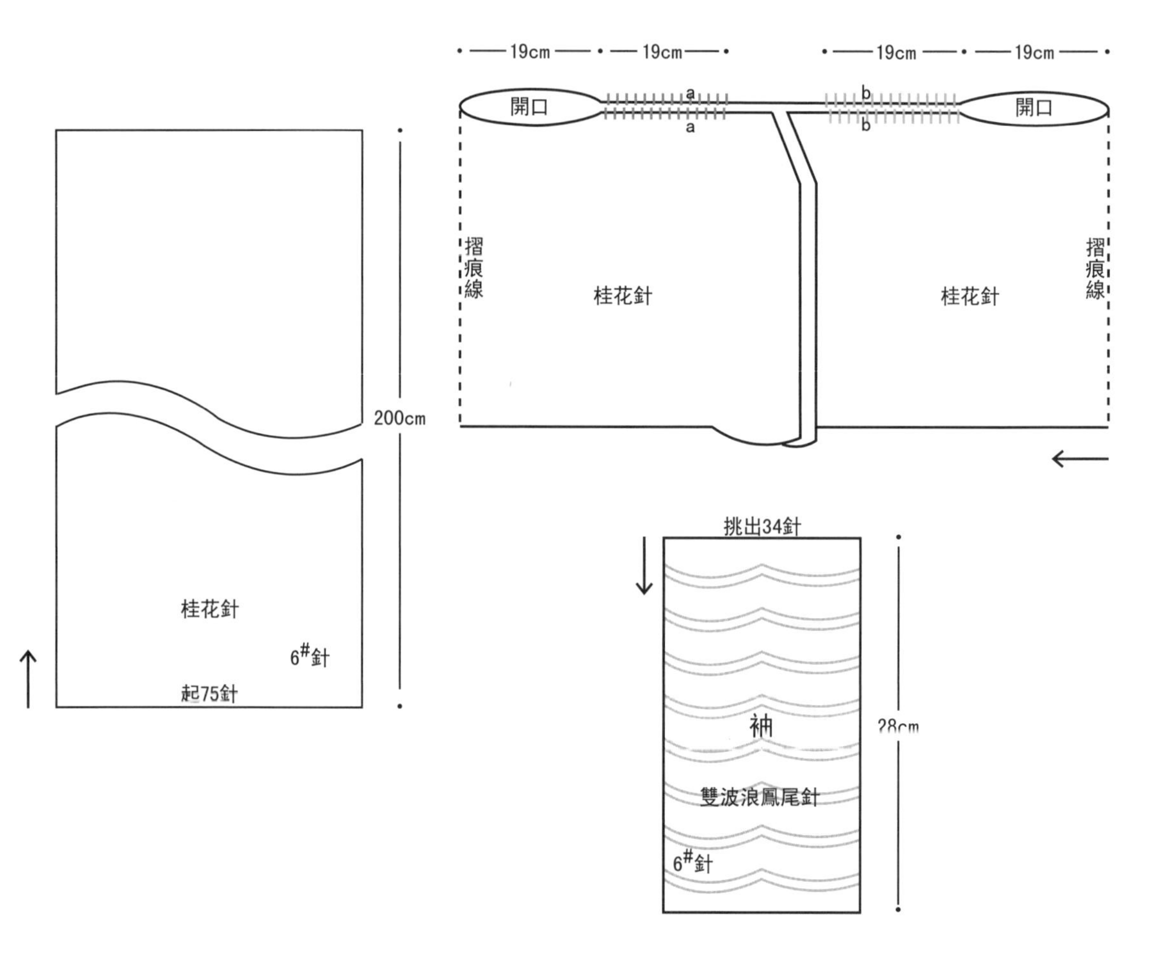

編織步驟:

1. 用6號針起75針鬆織桂花針至200公分時收針。
2. 按圖鬆縫合a-a、b-b。
3. 從19公分開口處挑34針環形織28公分雙波浪鳳尾針為袖子,收彈性邊。

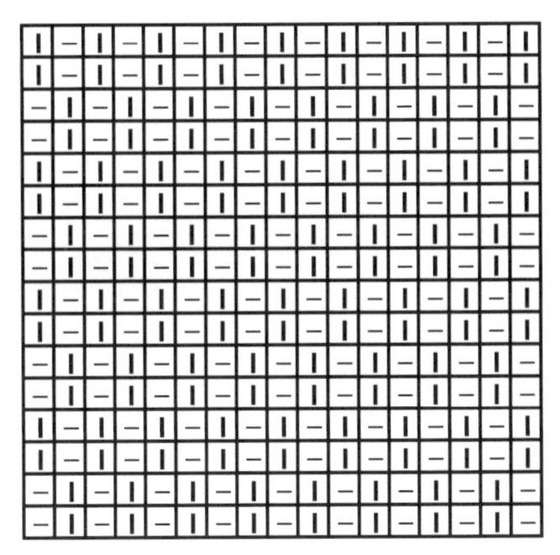

桂花針

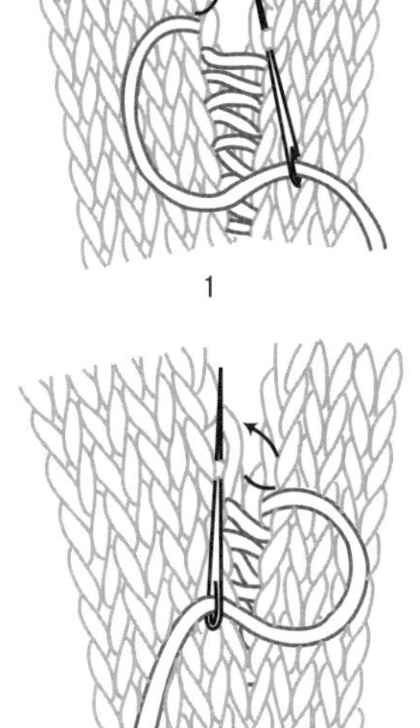

下針豎縫合方法

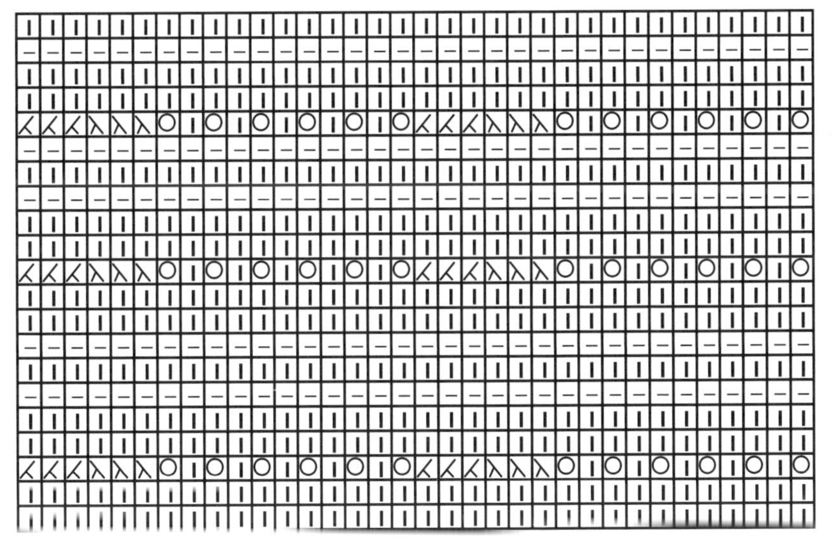

雙波浪鳳尾針

重點提示

縫合處不要過緊,特別是19公分處,否則影響服裝尺寸。

拉風披肩

材料： 蚝毛粗線
工具： 6號針
用量： 650克
密度： 22針X25行=10平方公分
尺寸： (公分) 圍巾長192 寬36 袖長56 肩寬40

編織說明：

按排花織一條有兩個開口的長圍巾，另線起針織袖子，與開口處縫合。

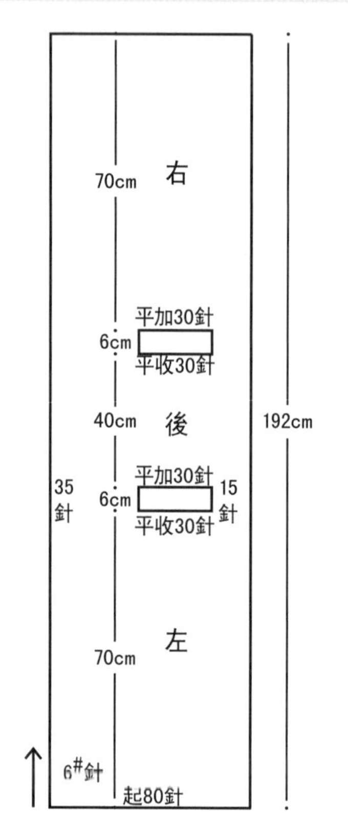

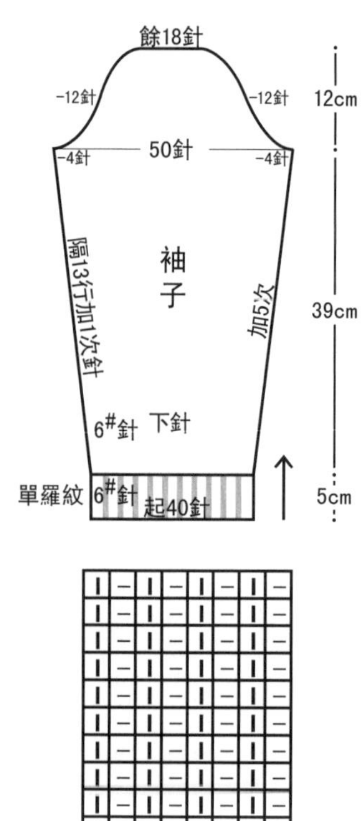

整體排花：

7	1	4	1	4	1	8	1	4	1	16	1	4	1	8	1	4	1	4	1	7
星星針	上針	麻花針	上針	金錢花	上針	葫蘆串	上針	金錢花	上針	菱形針	上針	金錢花	上針	葫蘆串	上針	金錢花	上針	麻花針	上針	星星針

編織步驟:

1. 用6號針起80針按排花往返織70公分後，從中間平收30針後，向上直織14行約6公分，然後再平加30針，合成80針向上繼續織。
2. 中間不加減織40公分後，重複原來的減針動作，形成兩個開口。
3. 合成80針再向上織70公分後收針。
4. 袖子另線起40針環形織5公分單羅紋後改織下針，並在袖腋處隔13行加1次針，每次加2針，共加5次，總長至44公分後減袖山，a平收腋正中8針，b隔1行減1針減12次，餘針平收，與圍巾的開口整齊縫合形成袖子。

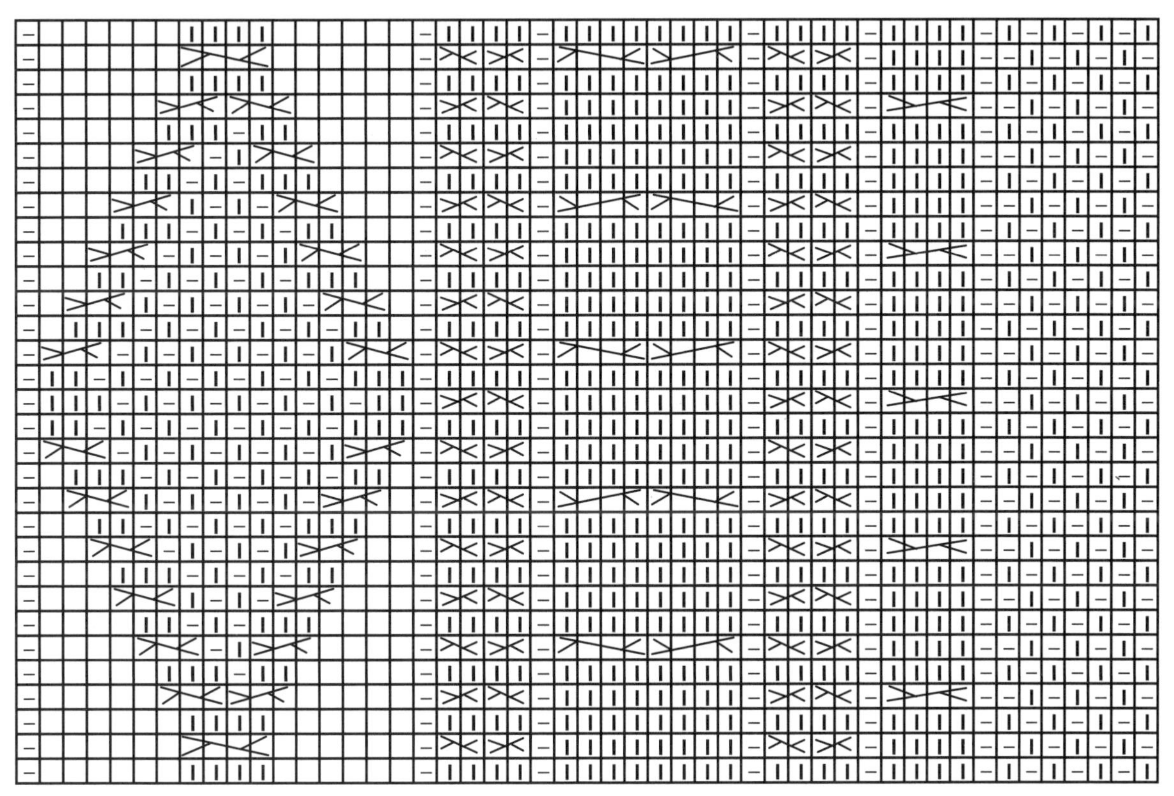

圍巾圖解

重點提示

袖與開口縫合時，首先固定好腋正中與肩正中，然後分別向上縫。

披肩背心

材料：純毛粗線
工具：6號針　3.0鉤針
用量：450克
密度：20針X24行=10平方公分
尺寸：(公分) 以實物爲準

編織說明：

織一個長方形，在相應位置留兩個開口形成袖口，袖子後挑織。

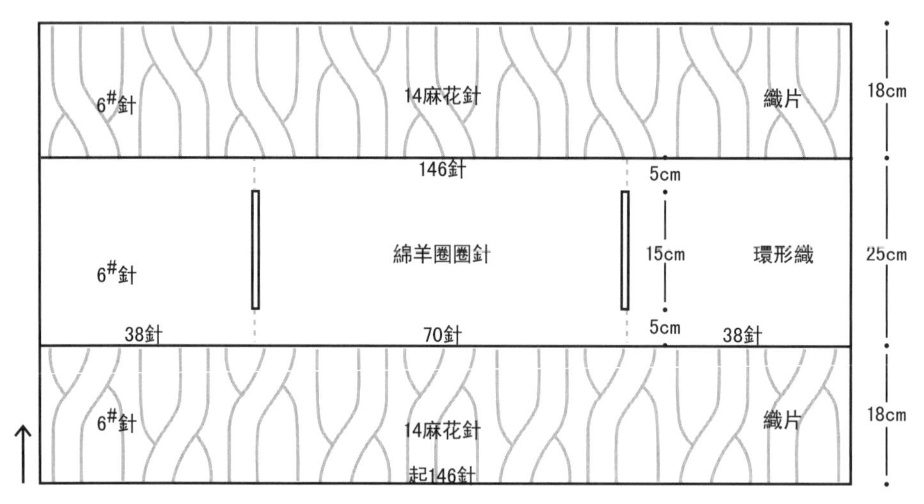

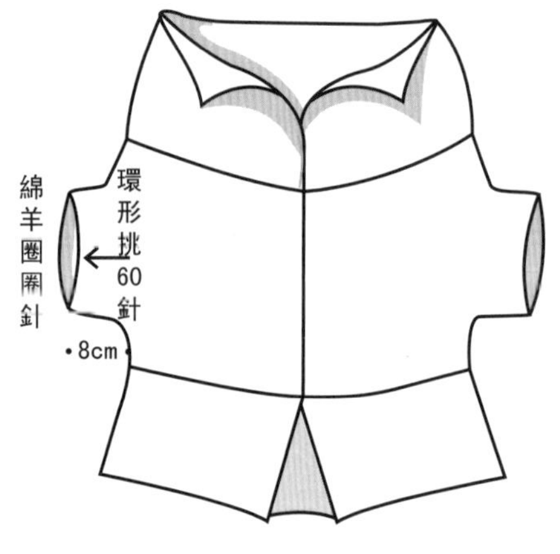

整體排花：

1	14	2	14	2	……	2	14	2	14	1
下針	麻花針	上針	麻花針	上針	……	上針	麻花針	上針	麻花針	下針

編織步驟:

1. 用6號針起146針往返織18公分麻花針。
2. 改環形織綿羊圈圈針，5公分後，將大片分三小片織15公分後再合成146針織5公分綿羊圈圈針，開口為袖口。
3. 總長至43公分後，再改針織18公分與底邊一樣的花紋，收彈性邊。
4. 在開口處環形挑60針織8公分綿羊圈圈針做袖子，緊收平邊。

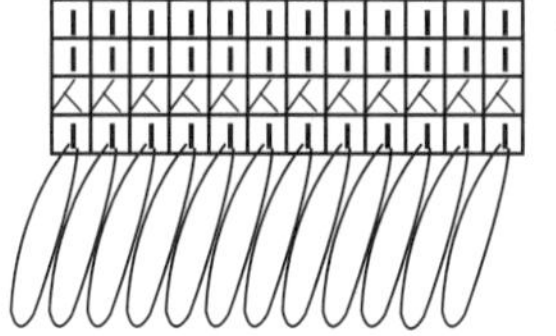

綿羊圈圈針

第一行：右食指繞雙線織下針，然後把線套繞到正面，按此方法織第2針。
第二行：由於是雙線所以2針併1針織下針。
第三、四行：織下針，並拉緊線套。
第五行以後重複第一到第四行。

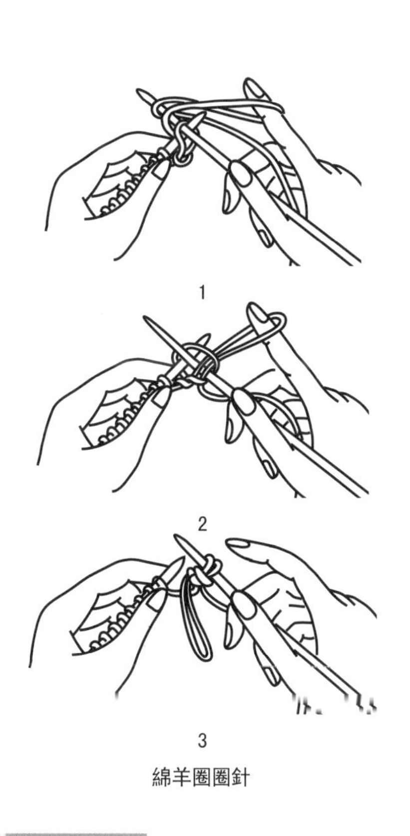

綿羊圈圈針

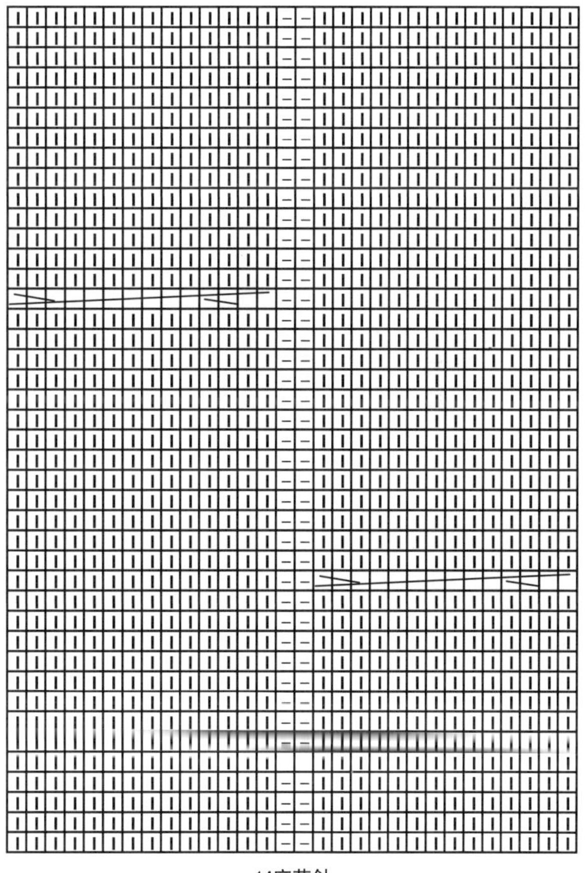

14麻花針

重點提示

只在中段縫扣子，可上下顛倒隨意穿著。

國家圖書館出版品預行編目(CIP)資料

簡單編織：創意披肩 / 王春燕著. -- 初版. --
新北市：北星圖書, 2011. 07
面； 公分
ISBN 978-986-6399-10-7（平裝）

1. 編織 2. 手工藝

426.4 100013654

簡單編織：創意披肩

著　　作　王春燕
發　　行　北星圖書事業股份有限公司
發 行 人　陳偉祥
發 行 所　新北市永和區中正路458號B1
電　　話　886_2_29229000
傳　　真　886_2_29229041
網　　址　www.nsbooks.com.tw
E_mail　nsbook@nsbooks.com.tw
郵政劃撥　50042987
戶　　名　北星文化事業有限公司
開　　本　185x235mm
版　　次　2011年8月初版
印　　次　2011年8月初版
書　　號　ISBN 978-986-6399-10-7
定　　價　新台幣280元　（缺頁或破損的書，請寄回更換）